电力电缆介质损耗测量技术

国网河南省电力公司营销服务中心　组编

中国电力出版社
CHINA ELECTRIC POWER PRESS

图书在版编目（CIP）数据

电力电缆介质损耗测量技术 / 国网河南省电力公司营销服务中心组编. —北京：中国电力出版社，2024.7

ISBN 978-7-5198-7520-6

Ⅰ．①电… Ⅱ．①国… Ⅲ．①电力电缆–介质损耗–测量技术 Ⅳ．①TM934.3

中国国家版本馆 CIP 数据核字（2024）第 096947 号

出版发行：中国电力出版社

地　　址：北京市东城区北京站西街 19 号（邮政编码 100005）

网　　址：http://www.cepp.sgcc.com.cn

责任编辑：薛　红

责任校对：黄　蓓　王海南

装帧设计：赵丽媛

责任印制：石　雷

印　　刷：三河市航远印刷有限公司

版　　次：2024 年 7 月第一版

印　　次：2024 年 7 月北京第一次印刷

开　　本：710 毫米×1000 毫米　16 开本

印　　张：9

字　　数：152 千字

定　　价：56.00 元

编　委　会

前言
PREFACE

随着电力系统的快速发展，电力电缆作为电力传输的重要组件，其绝缘性能的监测和评估变得尤为重要。介质损耗测量技术作为评估电缆绝缘状态的关键手段，能够及时发现电缆绝缘中的缺陷和老化问题，从而预防电力事故的发生，确保电网的安全稳定运行。

本书由国网河南省电力公司营销服务中心编写，是一本全面深入探讨电力电缆介质损耗测量技术的专业书籍。本书旨在为电力行业工程技术人员和相关领域的研究人员提供一套系统的理论知识和实践应用方法，以提高电力电缆的运行安全性和稳定性。

本书共分为四章，内容涵盖了从交联聚乙烯极化和介质损耗的基本理论，到不同频率下的介质损耗测量技术，包括工频、超低频和宽频介质损耗测量技术。书中不仅详细介绍了测量原理、技术特点和应用实例，还对测量过程中的干扰因素和误差来源进行了深入分析，并提出了相应的解决方案。

本书的编写团队由经验丰富的电力行业专家组成，他们将多年的研究成果和实践经验凝结于此书之中。我们希望本书能够成为电力电缆介质损耗测量领域的一本权威指南，为读者提供科学、准确、实用的技术参考。

在本书的编写过程中，得到了众多同行的宝贵意见和建议，在此表示衷心的感谢。同时，限于编者水平，本书难免存在疏漏之处，恳请读者批评指正。

编 者

2024 年 5 月

目 录
CONTENTS

第一章　交联聚乙烯极化和介质损耗的基本理论

第一节　交联聚乙烯极化

一、交联聚乙烯的极化机制

电介质极化是指在外电场作用下，电介质显示电性的现象。理想的绝缘介质内部没有自由电荷，实际的电介质内部总是存在少量自由电荷，它们是造成电介质漏电的原因。

一般情形下，未经电场作用的电介质内部的正负束缚电荷平均说来处处抵消，宏观上并不显示电性。在外电场的作用下，束缚电荷的局部移动导致宏观上显示出电性，在电介质的表面和内部不均匀的地方出现电荷，这种现象称为极化，出现的电荷称为极化电荷。这些极化电荷改变原来的电场。充满电介质的电容器比真空电容器的电容大就是由于电介质的极化作用。

交联聚乙烯（cross linked polyethylene，XLPE）的极化机制主要有位移极化、弛豫极化等。除此之外，在 XLPE 电缆中还存在界面极化。

（一）位移极化

在外电场作用下，构成电介质的分子、原子或离子中的外围电子云相对原子核发生弹性位移而产生感应偶极矩的现象，称为位移极化。这是一种电介质极化现象。首先，将一块由无极分子组成的均匀电介质放在外电场中时，由于分子中的正、负电荷受到相反方向的电场力，因而正、负电荷中心将发生微小的相对位移，从而形成电偶极子，其电偶极矩将沿外电场方向排列。这时，沿

1

外电场方向电介质的前后两表面也将分别出现正、负极化电荷。这是弹性的、瞬间完成的、不消耗能量的一种极化方式。

位移极化可分为电子位移极化和离子位移极化。

1. 电子位移极化

一切电介质都是由分子构成的，而分子又是由原子组成的，每个原子都是由带正电荷的原子核和围绕着原子核的带负电的电子构成的。当不存在外电场时，电子云的中心与原子核重合。当外加一电场时，在外电场 E 的作用下，介质原子中的电子运动轨道将相对于原子核发生弹性位移。这样正、负电荷作用中心不再重合而出现感应偶极矩，如图 1-1 所示。

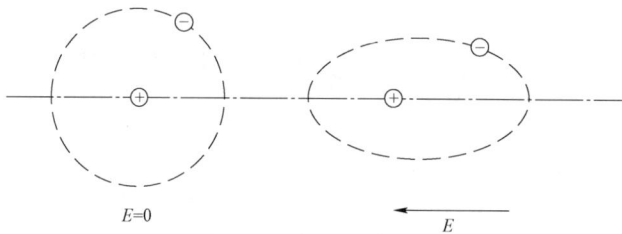

$E=0$ E

图 1-1 电子位移极化

电子位移极化是一种弹性位移，一旦外电场消失，正、负电荷作用中心就立即重合，恢复中性，所以这种极化不产生能量损耗，不会使电介质发热，且完成极化所需的时间极短，为 $10^{-14} \sim 10^{-16}$ s，该时间已与可见光周期相近，这就是说，即使所加外电场的交变频率达到光频，电子位移极化也来得及完成，所以其相对介电常数值不受外电场频率的影响；除此之外，温度对这种极化的影响也不大，只是在温度升高时，电介质略有膨胀，单位体积内的分子数减少，引起相对介电常数值稍有减少。

2. 离子位移极化

离子位移极化是指介质中的正、负离子在外电场作用下发生弹性位移，正离子沿电场方向移动，负离子沿反电场方向移动。这是一种电介质极化现象。首先，将一块由无极分子组成的均匀电介质放在外电场中时，由于分子中的正、负电荷受到相反方向的电场力，因而正、负电荷中心将发生微小的相对位移，从而形成电偶极子，其电偶极矩将沿外电场方向排列。这时，沿外电场方向电介质的前后两表面也将分别出现正、负极化电荷，如图 1-2 所示。它也是弹性的、瞬间完成的、不消耗能量的一种极化方式。

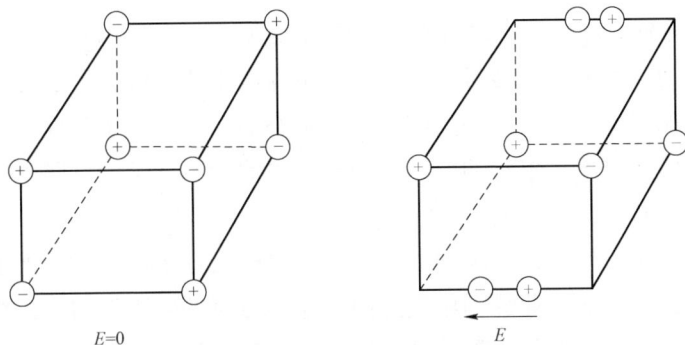

图 1-2　离子位移极化

（二）弛豫极化

弛豫极化机制也是由外加电场造成的，但与带电质点的热运动状态密切相关。例如，当材料中存在着弱联系的电子、离子和偶极子等弛豫质点时，温度造成的热运动使这些质点分布混乱，而电场使它们有序分布，平衡时建立了极化状态。这种极化具有统计性质，称为热弛豫（松弛）极化。极化造成带电质点的运动距离可与分子大小相比拟，甚至更大。与位移极化不同，弛豫极化是一种非可逆过程。

弛豫极化包括电子弛豫极化、离子弛豫极化、取向极化。它多发生在聚合物分子、晶体缺陷区或玻璃体内。

1. 电子弛豫极化

由晶格的热运动、晶格缺陷、杂质引入、化学成分局部改变等因素，使电子能态发生改变，导致位于禁带的局部能级中出现弱束缚电子，在热运动和电场作用下建立相应的极化，称为电子弛豫极化。

2. 离子弛豫极化

在玻璃状态的物质、结构松散的离子晶体中的杂质或缺陷区域，某些离子自身能量较高，易于活化迁移，这些离子称为弱联系离子。由弱联系离子在电场和热作用下建立的极化称为离子弛豫极化。

3. 取向极化

沿外电场方向取向的电偶极子数大于与外电场反向的电偶极子数，电介质整体会出现宏观电偶极矩，这种极化称为取向极化。

这是极性电介质的一种极化方式。在无外电场时，由于分子的热运动，电偶极矩的取向是无序的，所以总的平均电偶极矩较小，甚至为零。而组成电介质的极性分子在电场作用下，除贡献电子极化和离子极化外，其固有的电偶极

3

矩沿外电场方向有序化。在这种状态下的极性分子的相互作用是一种长程作用。尽管固体中的极性分子不能像液态和气态电介质中的极性分子那样自由转动，但取向极化在固态电介质中的贡献是不能忽略的。对于离子晶体，由于空位的存在，电场可导致离子位置的跃迁，如玻璃中的钠离子可能以跳跃方式使电偶极子趋向有序化。

取向极化和位移极化的区别主要是：位移极化是无极分子在外电场中时，由于分子中的正、负电荷受到相反方向的电场力而发生微小的相对位移，从而形成电偶极子，其电偶极矩将沿外电场方向排列；取向极化是有极分子在外加电场的情况下，原本杂乱无章分布的电偶极子会趋向于沿外电场方向整齐排列，如图 1-3 所示。这两类电介质极化的微观过程虽然不同，但宏观的效果却是相同的，都是在电介质的两个相对表面上出现异号的极化电荷，在电介质内部有沿电场方向的电偶极矩。

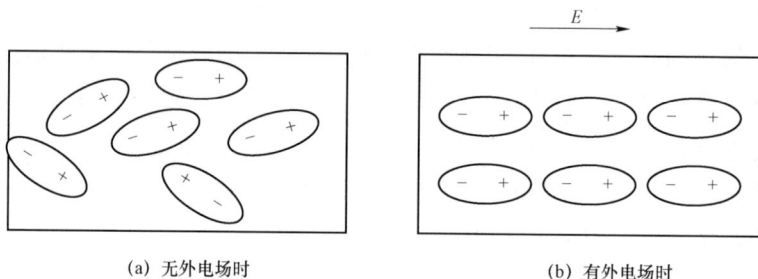

(a) 无外电场时　　　　　　　　　(b) 有外电场时

图 1-3　极性分子的取向极化

一般来说，分子在取向极化的同时还会产生位移极化，但是，对于有极分子电介质来说，在静电场作用下，取向极化的效应比位移极化的效应强得多，所以有极分子的极化机理是取向极化。

（三）界面极化

如果电介质由不均匀的材料组成，则在外电场作用下，介质中的自由载流子（电子或正、负离子）在宏观移动过程中，可能被介质中的陷阱俘获或在界面上被俘获，因而在界面的区域有空间电荷积聚；于是，在这些电荷分布不均匀区域形成电偶极矩，称为界面极化或空间电荷极化。

界面极化是产生在非均相介质界面处的极化，是由于界面两边的组分可能具有不同的极性或电导率，在外电场的作用下，电介质中的电子或离子在界面处聚集所引起的。共混、填充高聚物体系及泡沫高聚物体系有时会发生界面极化。对于均质高聚物，在其内部的杂质、缺陷或晶区、非晶区界面上，都有可能产生界面极化。

在实际运行的 XLPE 电缆中,水树老化是 XLPE 电缆性能下降的重要诱因之一。水树作为 XLPE 绝缘在电场与水分长期作用下老化降解形成的结构,其明显区别于 XLPE 基体的介电性能(电导率、相对介电常数),导致绝缘将会出现"水树 – XLPE"界面。由于水树区域与 XLPE 的介电常数和电导率相差较大,形成的水树 – XLPE 界面在直流下会产生界面极化。

界面极化是由于界面两侧介质电导率与相对介电常数的差异而引起的极化过程,在施加直流电压过程中,复合介质由初始状态的按介电常数分压到稳定状态的按电导率分压,介质两侧电压的变化将导致界面电荷的积累从而产生电流。去极化过程中,界面处积累的电荷逐步释放,同样会在外电路形成电流,这一极化现象称为 Maxwell – Wagner 极化。

二、极化的描述

电介质的极化过程是相当复杂的,而且原子或分子系统是一个量子力学系统。只有用量子力学,才能够对原子系统作出更为准确的描述。但是,人们关心的不是极化过程,而是已经极化的电介质所产生的宏观效应。从这一点考虑,可以把已经极化的电介质看作是大量电偶极子的集合,每个电偶极子具有一定的电矩,称为分子电矩,用 $\vec{P}$ 表示。各分子电矩在不同程度上沿着电场方向排列。至于分子的电矩是固有的还是感应生成的,对产生附加电场并无区别。

根据极化的宏观效应,可以对极化作出描述。电介质极化后,分子电矩在不同程度上沿着电场方向排列,极化越强,排列越整齐,单位体积内分子电偶极矩的矢量和越大。因此,可以用单位体积电矩的矢量和描述极化的强弱程度,定义为极化强度矢量 $\vec{P}$,定义式为

$$\vec{P} = \frac{\sum \vec{P}_{\text{molecule}}}{\Delta V} \qquad (1-1)$$

式中:$\sum \vec{P}_{\text{molecule}}$ 为分子的电偶极矩;ΔV 为物理无限小体元。

若介质内所有各点的 $\vec{P}$ 都有相同的数值和取向,即是一个与坐标无关的常矢量时,称为均匀极化,否则为非均匀极化。

从另一个角度看,极化过程是分子内部电荷的重新分布过程。微观电荷的重新分布,必然在介质的不均匀处出现宏观电荷分布,这些电荷没有脱离原子核的束缚,并非自由电荷,称为极化电荷或束缚电荷。极化程度越强,极化电荷就越多,从这个角度考虑,极化的强弱可以用极化体电荷密度 ρ_{P} 和极化面电

荷密度 σ_P 来描述。

宏观电偶极矩和宏观电荷分布是极化的两个宏观效应，极化强度和极化电荷从不同角度对极化进行描述，这二者之间必然存在联系。从电磁学和电动力学中推出，极化体电荷密度和极化强度的关系为

$$\rho_P = -\nabla \cdot \vec{P} \tag{1-2}$$

极化面电荷密度和极化强度的关系为

$$\sigma_P = -\vec{n} \cdot (\vec{P_2} - \vec{P_1}) \tag{1-3}$$

式中：$\vec{n}$ 为介质 1 指向介质 2 法线方向的单位矢量。

极化电荷和自由电荷一样按库仑定律激发电场，根据场强叠加原理，在有电介质存在时，空间任意一点的电场强度 $\vec{E}$ 是外电场强度 $\vec{E_0}$ 和极化电荷的电场强度 E' 的矢量和，即

$$\vec{E} = \vec{E_0} + \vec{E'} \tag{1-4}$$

决定介质极化程度的不是外电场而是介质内实际的电场，所以极化强度矢量受到介质中电场的控制，是一种受控变量。工程上，其受控关系一般由实验确定。对于常用的均匀材料，实验证明其受控关系为

$$\vec{P} = \chi_e \varepsilon_0 \vec{E} \tag{1-5}$$

式中：χ_e 为极化率，与电场强度 E 无关，与电介质的种类有关，是介质材料的固有属性；ε_0 为真空介电常数。

由极化电荷和极化强度的关系可知，极化电荷也受到介质中电场的控制，是一种受控变量。对于均匀线性介质，由介质中电场的基本规律可以得到极化体电荷密度 ρ_P 和自由体电荷密度 ρ_f 的关系为

$$\rho_P = -\left(1 - \frac{\varepsilon_0}{\varepsilon}\right)\rho_f \tag{1-6}$$

式中：ε 为介质的介电常数。

三、介电常数

介电常数是反映压电智能材料电介质在静电场作用下介电性质或极化性质的主要参数，通常用 ε 来表示。介电常数又称为电容率或相对电容率，是表征电介质或绝缘材料电性能的一个重要数据。根据物质的介电常数可以判别高分子材料的极性大小。

根据静电学的研究成果，真空中一个孤立的电荷 q 会在其周围产生电场，

当另外一个试验电荷 q_0 进入该电场中时会受到电场力的作用。由电荷 q 所产生的电场强度为

$$\vec{E} = \frac{q}{4\pi\varepsilon_0} \cdot \frac{1}{r^2} \vec{r} \qquad (1-7)$$

式中：ε_0 为真空介电常数；r 为距离点电荷 q 的径向距离。

一般来说，电场强度是一个矢量。

根据力的反作用性质，电荷 q 也同样受到试验电荷 q_0 所产生的电场力的作用且作用力的大小相等、方向相反，表示为

$$\vec{F} = \vec{E} \cdot q_0 = \frac{q q_0}{4\pi\varepsilon_0} \cdot \frac{1}{r^2} \vec{r} \qquad (1-8)$$

根据式（1-7）可知，真空介电常数 ε_0 表征了孤立电荷 q 在给定的距离 r 上产生的电场强度的大小。如果将式（2-7）中的真空条件换为某种电介质，则同样的孤立电荷 q 所产生的电场强度可表示为

$$\vec{E} = \frac{q}{4\pi\varepsilon} \cdot \frac{1}{r^2} \vec{r} \qquad (1-9)$$

由式（1-9）可见，介电常数 ε 表示电荷 q 在电介质中所产生的电场强度的大小的一个制约因素（除距离之外，也是唯一的制约因素）。显然，这种推论在静电场的情况下是完全可以被接受的，但是要将这一推论直接应用到交变电场的情况还有些不充分。可以确认的是电介质的介电常数所表征的属性在交变电场的情况下也会对交变电场产生影响。例如，交变电场在电介质中的传播速度会降低，频率不变，波长会变短（电磁传播理论），并且介电常数越大，相应的改变也会越大。

相对介电常数通常用以下方法导出定义：两个结构、尺寸完全相同的电容器，当极间放置不同的电介质时，它们的电容量是不同的。以平行平板电容器为例，如极间为真空，其电容量为

$$C_0 = \frac{Q_0}{U} = \frac{\varepsilon_0 A}{d} \qquad (1-10)$$

式中：A 为极板面积，cm^2；d 为极板距离，cm；ε_0 为真空介电常数。

当极板间插入固体电介质时，电容量变为

$$C = \frac{Q}{U} = \frac{Q_0 + Q}{U} = \frac{\varepsilon A}{d} \qquad (1-11)$$

电介质在电场的作用下会发生极化。极化的宏观特征是电介质贴近极板的

两个表面上会出现与相邻极板所带电荷异号的束缚电荷。由于束缚电荷与邻近极板上的自由电荷（由电源供给）异号，因此，从电荷产生的电场情况来看，在电介质内部，束缚电荷实际上抵消了极板上的一部分自由电荷。如果在两极板上所施加的是恒压电源系统（电源有供给电荷的能力），并要保持两极板间的电压恒定，则电源势必会向极板提供部分电荷以补充异号束缚电荷的抵消作用。这样一来，任何一个极板上所储存的总的电荷将会有所增加，也就是说电容器极板上储存的电荷总量增加了。即在外施电场作用下，此固体介质中原来彼此中和的正、负电荷产生了位移，形成电矩，使介质表面出现了束缚电荷，相应地便在极板上吸住了一部分电荷 Q，所以极板上电荷增多，并造成电容量增大。

电介质的相对介电常数是极板间充满介质时的几何电容和真空时的静电电容的比值，是与电介质束缚电荷特性密切相关的一个概念。其公式为

$$\varepsilon_{\mathrm{r}} = \frac{C}{C_0} = \frac{Q_0 + Q}{Q} = \frac{\varepsilon A / d}{\varepsilon_0 A / d} = \frac{\varepsilon}{\varepsilon_0} \tag{1-12}$$

由于真空是一个理想的电介质模型（没有原子、分子），所以，在实际电介质中由于束缚电荷效应使原电荷 q 所产生的电场有所下降的情况在真空中不可能出现。因此，针对实际电介质的相对介电常数，总是满足大于或等于 1。通常，相对介电常数大于 3.6 的物质为极性物质；相对介电常数在 2.8～3.6 范围内的物质为弱极性物质；相对介电常数小于 2.8 的物质为非极性物质。

从严格的意义上来说，电介质的介电常数是温度、湿度、工作频率的函数。在交变电磁场环境应用中，介电常数通常用复介电常数（考虑损耗因素）来表示。但在大量的实际应用中，尤其是一些工程设计中，仍然将电介质的介电常数当作一个常数来考虑。

四、XLPE 的极化研究意义

XLPE 极化会产生空间电荷，影响电缆的绝缘性能。在 XLPE 中电偶极子趋于分散在其表面并形成束缚电荷，束缚电荷在电极表面上感应出等量的异性电荷，改变了试样与电极界面的局部电场，因此，电偶极子转向引起的极化电荷的作用等同于空间电荷。除此之外，XLPE 中的杂质如催化剂、抗氧化剂、电压稳定剂、交联剂及交联残余物等，在外加电场的作用下，会分解成正电荷和电子，分别向阴极和阳极运动，一部分没有复合的电荷在介质内形成空间电荷。

XLPE 电－热老化（dissado-montanari-mazzanti，DMM）空间电荷模型认为空间电荷的存在会造成聚合物老化，空间电荷积聚会导致聚合物内部电场强度

发生改变，从而加快聚合物的劣化速度直至击穿现象发生。并且空间电荷于绝缘内部积聚过多也会对电荷输运特性造成一定影响，从而损害绝缘材料。

在聚合物中，电子迁移的路径为聚合物分子链间的自由体积，空穴的传导主要表现为链内特性。当聚合物中同时积聚的空穴和电子在化学阶段发生复合时，将会引发电致发光，并产生紫外光辐射，导致聚合物的分子链断链，阻碍电荷输运。除此之外，XLPE 绝缘中局部电场强度的大小会受空间电荷密度的影响而改变。当 XLPE 绝缘中电荷密度过高时，局部电场强度将高于 XLPE 的阈值电场强度，导致初始电击穿发生，空间电荷的积聚最终会使绝缘在低电场强度下也发生老化，生成绝缘缺陷。

除此之外，通过对极化过程及各特征量的分析对绝缘状态进行评估的极化－去极化电流法（polarization and depolarization current，PDC）近几年颇受重视。介质极化过程伴随着电荷的移动，在绝缘外回路形成电流，这一电流称为极化电流；电源移去后将绝缘两端短接进入去极化过程，形成的电流称为去极化电流。绝缘介质老化以及存在杂质、间隙、水分或水树时，极化过程会发生变化，主要表现为极化电流和去极化电流、极化时间和能量损耗的变化。极化－去极化电流法通过对电缆绝缘层进行极化和去极化，记录分析极化和去极化的电流，并提取直流电导率和介质损耗角正切值等特征量，评估电缆绝缘层绝缘状态。

第二节　XLPE 的介质损耗

一、电介质中的损耗

在电场作用下，电介质中有一部分电能将转变为其他形式的能量，通常转变成热能。在交流电压作用下，电介质在电场作用下，在单位时间内因发热而消耗的能量称为电介质的损耗功率，或简称介质损耗。如果损耗很大，就会使介质温度升得很高，促使绝缘材料老化，严重时会使介质熔化烧焦，甚至丧失绝缘的性能。因此介质损耗的大小是断定绝缘性能的一项重要指标。

按介质损耗产生的原因分类，介质损耗主要有漏导损耗、极化损耗和游离损耗（局部放电损耗）。

1. 漏导损耗

漏导损耗又称电导损耗。实际使用中的绝缘材料都不是完善的理想的电介质，在外电场的作用下，总有一些带电粒子会发生移动而引起微弱的电流，这种微小电流称为漏导电流，漏导电流流经介质时会使介质发热而损耗电能。这种因电导而引起的介质损耗称为漏导损耗。由于实际的电介质总存在一些缺陷，或多或少存在一些带电粒子或空位，因此电介质不论是在直流电场还是在交变电场作用下都会发生漏导损耗。

2. 极化损耗

电介质中的带电质点（主要是电偶极子），在直流电压下，沿电场方向做一次有限位移动所消耗的能量是很小的。但在交流电压下，由于周期性的极化过程，它难以跟上 50Hz 交变电场的变化，当电压从零按正弦规律变到最大时，极化还来不及发展到最大；当电压从最大下降时，极化还在继续增长，这样极化的发展，总要滞后电压一个角度，从图 1-4 上看，在电压的第一个 1/4 周期中，A 段极化中电荷的移动方向与电场的方向相同，电场对移动中的电荷做功"加热"。

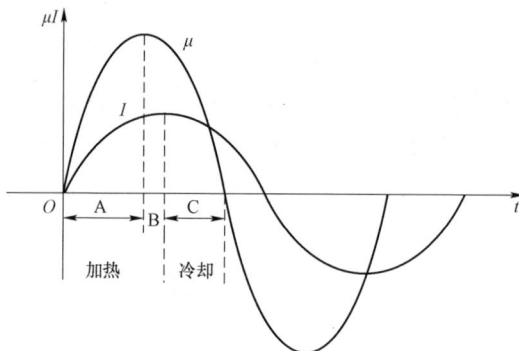

图 1-4 电介质在交流电压下的极化过程

从电压的最大值到极化的最大值这一阶段（B 段）情况和前面一样（加热）。从极化的最大值到电压为 0 的这个阶段（C 段），电场的方向未改变而电荷移动的方向却变成与电场方向相反，这时电荷反抗电场做功（冷却）。显然"加热"大于"冷却"，一部分电场能不可逆地变成热能产生介电损耗，比直流电场下产生的介电损耗大得多。

若外加频率较低，介质中所有的极化都能完全跟上外电场变化，则不产生极化损耗。若外加频率较高，介质中的极化跟不上外电场变化，则产生极化损耗。位移极化从建立极化到其稳定所需时间很短（为 $10^{-16} \sim 10^{-12}$s），这在无线电频率（5×10^{12}Hz 以下）范围内均可认为是极短的，因此基本上不消耗能量。其他缓慢极化（例如松弛极化、空间电荷极化等）在外电场作用下，需经过较长时间（10^{-10}s 或更长）才能达到稳定状态，因此会引起能量的损耗。

3. 游离损耗（局部放电损耗）

电力电缆的本体及其附件的绝缘部分在生产、安装及敷设过程中可能会混入部分气体或者其他固体杂质，由于气泡和固体杂质的绝缘强度低于绝缘橡胶，会形成一个或多个绝缘缺陷点，在工频电压的作用下，这些绝缘缺陷点会产生放电现象，而未击穿的绝缘部分则继续保持绝缘。这种放电只在局部空间下发生，而未贯穿整个绝缘部分，这种现象被定义为局部放电。

在电场的作用下，气隙中首先发生局部击穿（放电、电晕放电）。而放电所形成的电荷，在外施电场强度 E_0 的作用下移动到气隙壁上，形成反电场强度 E，此反电场在直流电场下恰好削弱了气隙中的电场，很可能放电不再继续下去。若外加交变电压，经半周期后，外加电场强度 E_0 反向，正好与前半周气隙中电荷形成的反电场强度 E 同方向，从而加强了气隙中的电场强度，使气隙中的放电提前发生，如图 1-5 所示。加上交流电压及冲击电压的作用，串联介质中的电场分布与介电系数成反比，而气体的相对介电常数比固体的小，所以交流电压下电介质的局部放电及损耗比直流电压下强烈。

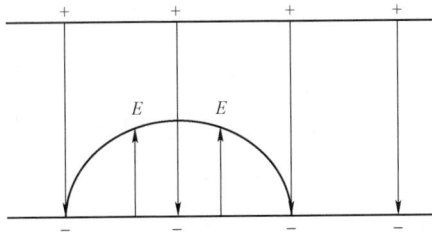

图 1-5　介质有气隙时的电场分布

根据实际运行中已产生局部放电的电缆解剖情况来看，局部放电多发生于绝缘件表面和内部。在强电场下，气泡中中性的气体分子被电离成导电的离子，并产生自由电子，这些导电粒子在工频电场下做往复运动，不断发生相互碰撞并产生新的导电粒子，最终引起气泡放电击穿。

二、介质损耗角及其影响因素

在交变电场作用下，电介质内流过的电流相量和电压相量之间的夹角（功率因数角 φ）的余角 δ 称为介质损耗角。

介质损耗角正切值 $\tan\delta$（即介质损耗因数）表示为获得给定的存储电荷要

消耗的能量的大小，是反映绝缘介质损耗的特征参量，也是衡量设备绝缘性能的重要指标，而且它仅取决于绝缘材料的介质特性，而与绝缘材料的大小、尺寸均无关，因此，测量绝缘材料整体的介质损耗角正切值 $\tan\delta$ 可以很好地判断设备整体潮湿、劣化变质状况，并且为了减少介质损耗，材料应具有较小的介电常数和更小的介质损耗角正切值。

通常将电缆等效成 RC 并联回路的形式来求得介质损耗角正切值 $\tan\delta$，如图 1-6 所示。

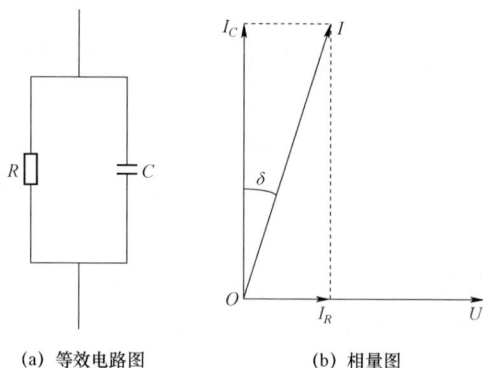

(a) 等效电路图　　　　　　(b) 相量图

图 1-6　电缆等效为 RC 并联回路的电路图和相量图

在介质两端施加交流电压 U，由于介质中有损耗，所以电流不是纯电容电流，可将其分成无功电流分量 I_C 和有功电流分量 I_R 两个电流分量。

$$I = I_C + I_R \tag{1-13}$$

由图 1-6 可得介质损耗值、介质损耗角正切值分别为

$$P = UI\cos\varphi = UI_R = UI_C\tan\delta = U^2\omega C\tan\delta \tag{1-14}$$

$$\tan\delta = I_R / I_C = 1 / \omega RC \tag{1-15}$$

由式（1-13）～式（1-15）可以看出介质损耗值 P 与试验电压、试品尺寸等因素有关，在不同试品对比中不是很直观；而介质损耗角正切值 $\tan\delta$ 仅取决于材料的特性，因此常通过测量电力设备绝缘的 $\tan\delta$ 来判断其绝缘特性的优劣。

影响介质损耗角正切值 $\tan\delta$ 的因素很多，根据 $\tan\delta$ 测量的特点，应注意以下几个方面：

（1）温度的影响。$\tan\delta$ 与温度的关系，随着介质的组成成分和结构不同而有显著的差异，中性或弱性分子组成的介质，损耗的主要是电导损耗。所以 $\tan\delta$ 将随温度的升高而增大。对于由极性分子组成的介质，其温度特性如图 1-7 所示。

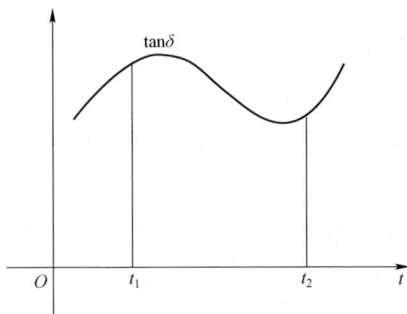

图 1-7　$\tan\delta$ 的温度特性

在温度 t_1 前，电导和电偶极子的极化损耗均较小，随着温度的升高，两种损耗均增大，到 t_1 时达到最大 $t_1 \sim t_2$ 内，随着温度的升高，由于分子热运动妨碍了电偶极子的极化，并且极化损耗的减少超过了电导损耗随温度的升高，因此总的损耗反而下降。到 t_2 后以电导损耗为主，故介质损耗会随温度上升而增加。由于温度换算有一定的局限性，因此测量 $\tan\delta$ 时最好在 10～30℃。

（2）电压的影响。一般来说，良好绝缘的 $\tan\delta$ 不随电压的升高而明显增加。在其额定电压范围内，$\tan\delta$ 几乎是不变的（仅在接近额定电压时，$\tan\delta$ 才可能略有增加），且当电压上升或下降时测得的 $\tan\delta$ 是接近一致的，不会出现闭环路状的曲线。如果绝缘中存在气泡、分层、脱壳等，情况就不同了。当所加试验电压尚不足以使绝缘中的气泡或气隙游离时，其 $\tan\delta$ 与良好绝缘无明显差别；当试验电压足以使绝缘中的空气游离、电晕或局部放电时，则其 $\tan\delta$ 将随试验电压的升高而明显增加。图 1-8 表明了 4 种典型的 $\tan\delta$ 变化情况。

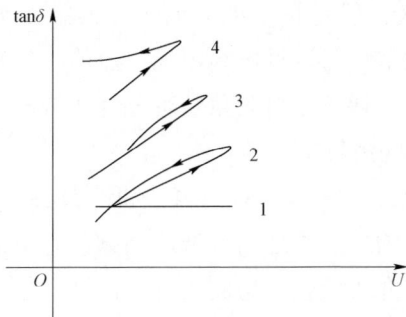

图 1-8　绝缘在不同状况下的 $\tan\delta$ 变化情况

13

曲线 1 是绝缘良好的情况。其 tanδ 几乎不随电压的升高而增加，仅在电压很高时才略有增加。

曲线 2 为绝缘老化时的情况。在气隙起始游离之前，tanδ 比良好绝缘的低；过了起始游离点后则迅速升高，而且起始游离电压也比良好绝缘的低。

曲线 3 为绝缘中存在气隙的情况。在试验电压未达到气体起始游离之前，tanδ 保持稳定，但电压增高、气隙游离后，tanδ 急剧增大，曲线出现转折。当逐步降压后测量时，由于气体放电可能已随时间和电压的增加而增强，故 tanδ 高于升压时相同电压下的值。直至气体放电终止，曲线才又重合，因而形成闭口状环路。

曲线 4 是绝缘受潮情况的情况。在较低电压下，tanδ 已经较大，随电压的升高 tanδ 继续增大；在逐步降压时，由于介质损耗的增大已使介质发热温度升高，所以 tanδ 不能与原数值相重合，而以高于升压时的数值下降，形成开口状曲线。

从曲线 4 可明显看到，tanδ 与湿度的关系很大。介质吸湿后，电导的损耗增大，还会出现夹层极化，因而 tanδ 将大为增加。这对于多孔的纤维性材料，如纸等，以及极性电介质，效果特别显著。

（3）测量 tanδ 与试品电容的关系。对于电容量较小的设备（如耦合电容、瓷套管、互感器等），tanδ 能有效地发现局部集中性和整体分布的缺陷。对于较大电容量的设备（如变压器、电缆、电容器、发电机等）只能发现绝缘的整体分布性缺陷，局部集中性的缺陷反映不出来。因为，局部性的缺陷引起的损耗只占总损耗的很小部分。

总之，tanδ 与介质的温度、湿度、内部有无气泡、缺陷部分体积大小有关，且 tanδ 能反映绝缘的优劣，能正确判断绝缘整体的好坏或是否受潮，在分解试品进行 tanδ 测量时易于发现缺陷。

高压电缆介质损耗角检测方法可分为绝对测量法和相对测量法。高压电缆介质损耗角绝对测量法一般是指以电缆电压互感器二次侧电压信号为参考信号，测量电缆上的电压信号与流过电缆泄漏电流的相位差，从而得到介质损耗值。目前高压电缆介质损耗角绝对测量法可分为传统的介质损耗角测量方法及应用微机实现的介质损耗角数字测量方法。

1）传统测量方法包括电桥法、瓦特表法和谐振法。其中瓦特表法测量精度太低，因此已被淘汰。谐振法仅适用于低压高频状态下的介质损耗角检测。电桥法是适用于高压电缆介质损耗角检测的方法，被大量运用于介质损耗角离线测试中。其原理是利用电桥平衡原理，调节测试回路中电阻和电容的数值，从而利用桥臂阻抗关系得到所调电容值的微法数即为试品的 tanδ。

2）数字测量方法的原理是基于传感器从试品上取到的信号电压和电流，经前置处理装置数字化后送至数据处理单元，从而算出电压、电流之间的相位差，进而得到介质损耗角。数字测量法采用计算机技术，简化了电路结构。介质损耗角的数字测量法可分为硬件法和软件法。硬件法基于电压过零比较器，易受硬件本身影响，抗干扰能力差。近年来介质损耗角检测软件法发展迅速，包括傅里叶变化法、过零点比较法、正弦参数法、自由矢量法、谐波分析法及异频电源法等。但由于软件法需将电压、电流信号假设为标准的正弦波，因此仅适用于高压电缆介质损耗角离线检测，而不适用于带电检测、在线监测。

交联聚乙烯电缆是挤塑成形的，其绝缘结构是整体介质型，充电电容及绝缘电阻较大，导致其正常状态时的 $\tan\delta$ 很小，加之现场干扰，准确检测 $\tan\delta$ 的难度较高，一般仅在电缆整体绝缘老化较严重时才有意义。

综上所述，通过对 $\tan\delta$ 的测量发现的缺陷主要是：设备普遍受潮，绝缘油或固体有机绝缘材料的普遍老化；对于小电容量设备，还可以发现局部缺陷。$\tan\delta$ 与介质的温度、湿度、内部有无气泡、标准电容是否受潮、缺陷部分体积大小等有关，必要时，应作出 $\tan\delta$ 与电压的关系曲线，以便分析绝缘中是否夹杂较多气隙。对 $\tan\delta$ 进行判断的基本方法除应与有关"标准"值比较外，还应与历年试验值比较，观察其发展趋势。根据设备的具体情况，有时即使数值仍低于标准，但增长迅速，也应引起充分注意。此外，还应与同类设备比较，看是否有明显差异。在比较时，除 $\tan\delta$ 外，还应注意可调电容值的变化情况。如发生明显变化，可配合其他试验方法，如绝缘油的分析、直流泄漏试验或提高测量 $\tan\delta$ 的试验电压等进行综合判断。

三、介质损耗的研究意义

选取典型介电常数计算 $\tan\delta$ 随频率变化的曲线，如图 1-9 所示。由图 1-9可以看出，绝缘老化电缆与新电缆在频率 50Hz 下的 $\tan\delta$ 无明显变化，而随着频率的降低，两者 $\tan\delta$ 的差别越来越明显，表明频率越低则判断电缆老化的效果越好。

这是因为电缆的介质损耗包括电导损耗、极化损耗和局部放电损耗等，其中局部放电损耗需要电场达到一定条件时才能触发，因此在电压较低时不用考虑，电导损耗和极化损耗均会影响 $\tan\delta$ 的变化。电导引起的损耗属于电介质的固有特性，主要由泄漏电流导致；而松弛极化引起的损耗恰恰反映了电缆的受潮老化特性。

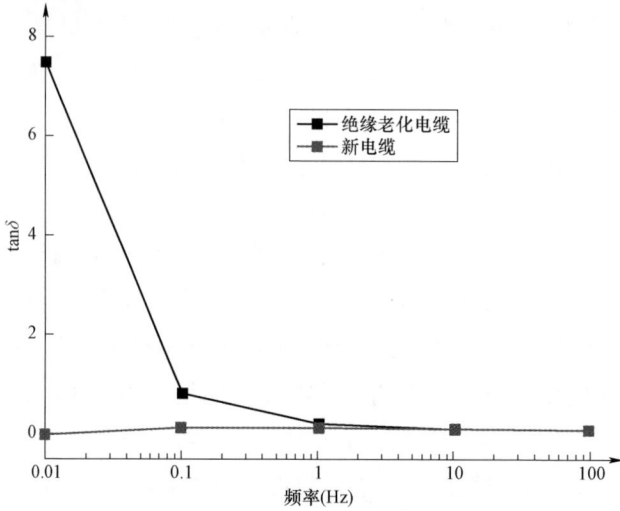

图 1-9 tanδ 随频率变化的曲线

介质损耗角正切值（tanδ）的测量是测试和诊断高压电缆的基本非破坏性现代方法。它可以作为与老化现象相关的其他绝缘材料性能的代表性指标。作为诊断工具，它构成了一个重要特性，可用于评估电缆的绝缘状态，以加热形式警告绝缘材料中的耗散能量，从而防止最终失控情况（过热）的风险，这可能导致热击穿，进而导致电缆绝缘损坏。

第二章　电力电缆的工频介质损耗测量技术

随着我国电力网络的不断发展，高压电缆铺设长度不断增加，高压电缆的安全稳定运行与国民生产生活的关系也越来越紧密，随着运行年限的增加，电缆本身会出现不同程度的绝缘老化现象，当前电力系统中不少事故都是由于绝缘故障造成的，尤其是在高电压情况下绝缘介质极易发生大面积的损耗，由损耗引起的电缆绝缘温升是不可避免的，这限制了电缆的传输效率。此外，电缆温升也是绝缘材料劣化的主要原因之一，进而影响电力输送，严重的会造成电力系统瘫痪，对电网造成威胁。因此需要能够及时反应电缆运行状态的检测手段，减少电缆因为绝缘缺陷出现电力事故的可能性，确保电网安全稳定运行。介质损耗是反映电容型设备绝缘状况的一个重要参数，也是设备预防性试验和在线监测的一个重要内容，对电缆线路运行状况的判断具有重要意义。高压电缆的介质损耗检测是电缆绝缘突发性故障检测方法中的有效手段。介质损耗测试是一种能有效发现设备绝缘受潮、老化的非破坏性试验。长期以来，国内对电容型设备绝缘介质损耗的检测一直采用定期停电试验的方式。此方法已积累了丰富的经验，并形成了绝缘预防性试验规程。

第一节　工频介质损耗测量的特点

介质损耗角正切值 $\tan\delta$ 的测量，是一种使用较多，且对于判断电气设备的绝缘状况比较灵敏有效的方法，是反映电容型电气设备中绝缘介质损耗程度的一个重要指标，设备绝缘 $\tan\delta$ 越大，其整体绝缘性能就越差。通过测量 $\tan\delta$ 可进行校正和预测设备的故障情况，及时发现事故隐患，对电力系统安全、可靠运行具有十分重要的意义。正常情况下电容型设备的介质损耗角 δ 是一个微小值数量级，一般为 10^{-3}，干扰导致的误差很容易掩盖介质损耗的真实值。介质损耗角正切值的测量属于高准度测量，在高压预防性试验条件下，通常在被测试品两端加以工频（50Hz）高电压（10kV）使被测试品流过一个极其微小的电流，利用电压与电流之间夹角的余角 δ 的正切值来反映被测试品的介质损耗大小，公式为

$$\tan \delta = \frac{P}{Q} \qquad\qquad (2-1)$$

式中：P 为介质损耗的能量；Q 为介质积累的能量。

介质损耗角正切值（介质损耗）测量为一种常用的非破坏性绝缘性能诊断方法，主要分为超低频介质损耗测量、工频介质损耗测量、振荡波介质损耗测量和异频介质损耗测量等。工频介质损耗测量的优点是测试频率与运行工况相同，对老化电缆的测试精度高，能够全面、真实地发现 XLPE 电缆的缺陷和运行故障隐患，可应用于 XLPE 电力电缆竣工试验和预防性试验，特别是 110kV 及以上电压等级的 XLPE 绝缘电力电缆竣工试验和预防性试验。缺点是电源容量需求高，随电缆长度增加而显著增大，如何减小工频电压发生器的体积和质量需做更深入的研究。0.1Hz 超低频介质损耗测量能够在较低的电压下有效地发现 XLPE 绝缘电力电缆受潮和存在水树枝运行缺陷，可以作为配电系统 XLPE 绝缘电力电缆预防性试验方法。振荡波介质损耗测量能够在较低的电压下有效地发现 XLPE 绝缘电力电缆制造质量缺陷和施工质量缺陷，推荐作为 XLPE 绝缘电力电缆竣工试验方法。本章节主要介绍的是工频介质损耗测量。

一、测量 $\tan \delta$ 的影响因素

工频介质损耗测量是高电压、微电流、小角度的精密测量，其要求测量系统应具有很高的灵敏度和准确度，但介质损耗角正切值的测量结果易受很多因素影响。因此，在现场条件下，还要求具有抗干扰能力。影响工频介质损耗测量的因素有以下几点。

1. 温度的影响

温度直接影响 $\tan \delta$ 的测量结果。电缆工作时绝缘会产生损耗发热，该部分损耗 $W_d = \omega C U_0^2 \tan \delta$，其中，$W_d$ 与相电压的二次方成正比，与绝缘材料的介质损耗角正切值 $\tan \delta$ 成正比。影响的程度随材料、结构的不同而异。一般情况下，$\tan \delta$ 测量值是随温度的上升而增加的。现场试验时，设备温度是变化的，为便于比较，应将不同温度下测得的 $\tan \delta$ 换算至 20℃时的值。有些绝缘材料在温度低

于某一临界值时，其 tanδ 可能随温度的降低而上升；而潮湿的材料在 0℃以下时水分被冻结，tanδ 就会降低。所以，过低温度下测得的 tanδ 不能反映真实的绝缘状况，容易导致错误的结论，因此，测量 tanδ 应在不低于 5℃时进行。

当绝缘中残存较多水分和杂质时，tanδ 就随温度升高而明显增加。例如两台 220kV 电流互感器通入 50%额定电流，加温 9h，测取通入电流前后的 tanδ 的变化。tanδ 初始值为 0.35%的一台无变化，tanδ 初始值为 0.8%的一台则上升为 1.1%。实际上初始值为 0.8%的已属非良好绝缘，故 tanδ 随温度上升而增加。说明当在常温下测得的 tanδ 较大，在高温下 tanδ 又明显增加时，则应认为绝缘存在缺陷。

2. 试验电压的影响

一般来说，良好绝缘的 tanδ 不随电压的升高而明显增加。在其额定电压范围内，tanδ 几乎是不变的（仅在接近额定电压时，tanδ 才可能略有增加），且当电压上升或下降时测得的 tanδ 是接近一致的，不会出现闭环路状的曲线。如果绝缘中存在气泡、分层、脱壳等，情况就不同了。当所加试验电压尚不足以使绝缘中的气泡或气隙游离时，其 tanδ 与良好绝缘无明显差别；当试验电压足以使绝缘中的空气游离、电晕或局部放电时，则其 tanδ 将随试验电压的升高而明显增加。

3. 试品电容量的影响

对于电容量较小的试品（例如套管、互感器等），测量 tanδ 能有效地发现局部集中性缺陷和整体分布性缺陷。但对于电容量较大的试品（例如大中型发电机、变压器、电力电缆、电力电容器等），测量 tanδ 只能发现整体分布性缺陷，因为局部集中性缺陷所引起的介质损耗增大值只占总损耗的很小部分，因而用测量 tanδ 的方法来判断绝缘状态极不灵敏。对于可以分解成几个彼此绝缘部分的被试品，可分别测量其各个部分的 tanδ，能更有效地发现缺陷。

4. 试品表面泄漏的影响

试品表面泄漏电阻总是与试品等效电阻 R_X 并联，显然会影响所测得的 tanδ，这在试品的 C_X 较小时尤其需要注意。为了排除或减小这种影响，在测试前应清除绝缘表面的积污和水分，必要时还可在绝缘表面上装设屏蔽极。

二、在线测试与离线测试

传统的介质损耗测量方法有 QS1 型西林电桥法、谐振法、伏安法等。由于其本身有不足之处，无法满足测量要求。

（1）电桥法。电桥法是介质损耗测量领域长期采用的一种方法，当前流行的电桥分西林型高压电桥和电流比较仪型高压电桥，其中最为典型的是西林电桥，所谓的电桥法也主要指西林电桥法。西林电桥的标准阻抗和被测阻抗都是电容器，可以在强高压下进行高精度的介质损耗测量是它的突出优势，若采取特殊的措施甚至可以在强磁干扰下进行颇高精度的测量。西林电桥法的测量原理是用标准电容和电阻将测试品进行比较性的模拟测量，由电桥平衡条件可得出试品的电容值 C_N 及 $\tan\delta$。而电流比较仪型高压电桥的原理是用变压器的比例臂代替普通的阻抗臂，以提高测量的准确度，若配以专门的辅助电路，则可以实现自动平衡电桥。西林电桥具有操作简单、携带方便等优点，但是其模拟电路较为复杂，对元器件的要求较高，需要匹配高精度标准电容器，易受外界干扰。这些因素导致现场测量高电压、长电缆的 $\tan\delta$ 难以施行。此外西林电桥的平衡原理要求电源频率必须是 50Hz，目前有一些数字化自动电桥只是采用数字化技术来调节电桥的平衡，而实际的测量原理仍然是用标准电容和电阻与被试品进行比较的模拟方法。

（2）伏安法。伏安法是最常用也是最成熟的一种传统方法，其工作原理是借助被测试品的端电压向量和流过被测试品电流向量之比，得到被测试品的阻抗向量，根据 Z_X 的实部和虚部，进一步计算求得介质损耗角正切值 $\tan\delta$。这种测量方法在精密计算机引入后进一步得到更新完善，基于测量系统的不断升级，测量数据的处理效率大大提高，而且精准度也得到保证。电力电子技术的渗入使介质损耗测量技术进入一个新时代。

（3）谐振法。谐振法只适用于低压高频状态下的测量，不易满足高精度要求。由于测量时采用较高频率，在高压实验中实现困难，因此几乎没有采用过。

由于具有测量精度低或者操作烦琐等缺点，传统的介质损耗测量方法不再适用于现场的测量，现已逐渐被淘汰。目前介质损耗的测量方法主要有离线测试法与在线测试法，下面进行简单介绍。

1. 离线测试法

目前，高压电缆介质损耗的检测主要是离线测试法。几十年来，电力系统一直使用高压介质损耗电桥进行介质损耗的离线检测，积累了大量的离线预防性试验数据，并制定了相应的规程。介质损耗离线测试一般是指有计划地对设备进行停电试验，定期获取设备运行状态从而评估运行计划的方法。

离线预防性试验中常用的高压自动电桥，使用 2 个高精度电流传感器，把相位基准信号 I_N 和流过试品 G_X 的电流信号 I_X 转换为电压信号 U_N 和 U_X，然后送入计算机对其进行数据处理，得出 I_N 和 I_X 的基波分量和其夹角，夹角即为介质损耗角。离线预防性试验结构简图如图 2-1 所示。

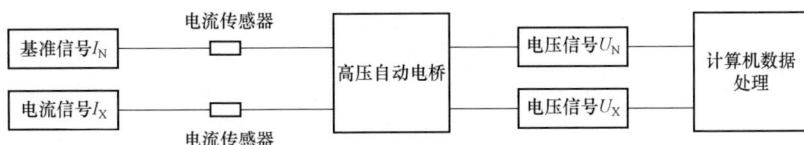

图 2-1　离线预防性试验结构简图

离线测试法操作烦琐且需要对电缆进行断电，不能真实地反映电缆运行情况下的介质损耗值。对于绝缘情况不好的设备，会出现离线测试电压结果与运行电压结果不一致的情况。由于以上缺点，在线监测法越来越受到科研人员与从业者的重视，高压电缆介质损耗带电检测技术及在线监测技术亟待突破。

2. 在线测试法

由于停电预防性测试电压较低（10kV 电压以下），对于高电压等级设备的部分隐形绝缘缺陷不能有效检测出来（如绝缘中的油隙或气隙在运行电压下放电，而在 10kV 测试电压下却测试合格）；同时，预防性试验需要停电，按固定周期并结合电网运行方式进行，不能及时反映设备即时状况等，难以满足电力系统的实际需要。因此，数据更及时且对电力系统影响更小的在线测试方法更受重视。

介质损耗在线监测原理就是利用传感器对容性设备运行时的特征信号进行采集，最终计算得到介质损耗角正切值。根据介质损耗形成原因可知，检测到介质损耗然后取其正切值即可得到。可以通过传感器采集容性设备末屏泄漏电流信号和电压信号，经数字化处理得到对应的相位信息，最后计算得到介质损耗。采集的数据可以传输到后台服务器显示，方便使用者查看。介质损耗在线监测系统架构如图 2-2 所示。

根据高压设备在线状态进行测量的在线测试法是从业者的研究方向。

目前的绝缘在线监测产品基本都是用快速傅里叶变换的方法来求介质损耗角正切值。取运行设备的标准电压信号与设备泄漏电流信号直接经高速 A/D 采样转换后送入计算机，通过软件的方法对信号进行频谱分析，仅抽取 50Hz 的基本信号进行计算求出介质损耗角正切值。这种方法能消除各种高次谐波的干扰，测试数据稳定，能很好地反映出设备的绝缘变化。但由于绝缘体的泄漏电流非常微弱，而且现场的干扰较大，要准确监测绝缘体的泄漏电流比较困难。因此，要实现绝缘介质损耗角正切值的在线监测，必须解决微弱电流的取样及抗干扰问题。

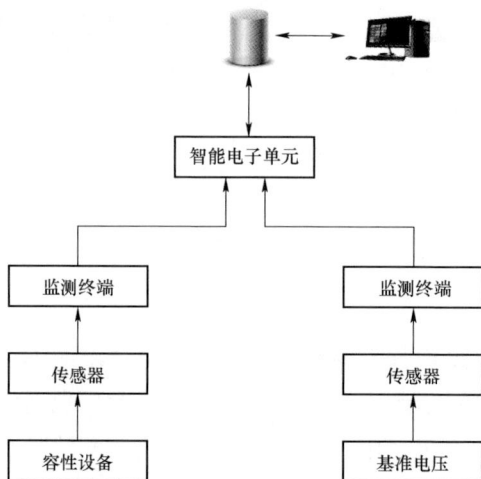

图 2-2　介质损耗在线监测系统架构

电力设备介质损耗在线监测的主要影响因素有：

（1）传感器。对电力设备介质损耗进行在线检测时，所用到的电力设备运行参数主要有电压和电流，这些都需要借助电流传感器与电压传感器获取电压、电流信号，从而得到介质损耗检测值。介质损耗带电检测传感器多采用穿芯式有源或无源传感器。为了保证测量精度，要求传感器具有良好的线性度、测量稳定度、波形无畸变等。因此需要控制角差在 0.05° 以内，才能满足工程测量的要求。但是电流传感器自身存在角差，并且当电流信号不同时，角差大小也不一样，往往会处于动态变化状态，无法将其进行有效消除。同时，电场和温度等众多因素会降低电流传感器工作性能的良好性，在采集电流、电压信号时出现误差现象，难以保证电力设备介质损耗监测的准确性。

（2）电压测量。介质损耗测量受流过电介质的电压信号的相位影响，目前对于高压电缆介质损耗测量，从电缆端子利用电压采集装置获取 TV 二次侧电压信号作为测量的电压信号，但是该获取方法由于 TV 二次侧的远距离传输会带来较大误差。在对基准电压进行测量时，高压端和低压端之间会有一个相角误差，并且在电力设备持续工作过程中，相角误差并不是固定不变的，它会根据实际电压大小做出相应改变，具有较强的不稳定性，很难将其改变范围控制在介质损耗角以下，不能根据测量所得的低压端电压对高压端电压大小进行准确判断，因此基准电压测量存在较大的误差。所以需要进一步对参考电压信号的获取进行分析。

（3）周围环境。徐志钮[1]在研究噪声对介质损耗角正切值计算结果的影响中，基于粗糙集理论进行人工气候介质损耗仿真测量，比较温度、湿度、电压对介质损耗测量参数的影响程度，进而获得环境因素对介质损耗的影响规律。介质损耗并不是固定不变的，一般会呈现周期性变化趋势，所以，要想获取准确的监测结果，就需要通过增多监测次数来降低误差，利用多次监测结果对介质损耗情况做出准确判断。但是，电力设备在运行过程中，外界环境中的温度、湿度等都是不断发生变化的，无法保证介质损耗在线监测环境的一致性，多次监测结果存在较大差异，难以对其损耗情况做出准确判断。高压电缆介质损耗检测结果受温度的影响主要取决于电缆材质。高压油纸绝缘电缆在$-40\sim60℃$范围内介质损耗随温度的升高而减小，而高压交联聚乙烯电缆在绝缘状况良好的情况下介质损耗与温度关系并不明显。但是当高压交联聚乙烯电缆在出现绝缘缺陷时，其介质损耗值仍然受温度影响很大。随着温度的升高，$\tan\delta$逐渐增大，电压等级越高的电缆$\tan\delta$增长速度更快。

（4）信号干扰。信号干扰也是影响电力设备介质损耗在线监测结果的一种常见因素。常见的干扰信号主要有连续的周期性干扰信号、非周期性干扰信号及脉冲干扰信号，其中载波通信信号、高次谐波分量、高频保护等，都属于连续的周期性干扰信号；电力设备电压变化和频率变化，会以非周期信号形式，对电力设备介质损耗在线监测造成干扰；而脉冲干扰信号最主要的表现形式为电晕放电信号。由于工业现场存在着大量非线性元件，因此会使得介质损耗检测系统耦合大量谐波和噪声。然而泄漏电流本身的电压等级为0.1mA，远远小于噪声，因此工业现场的噪声会对介质损耗测量产生很大的影响，脉冲噪声由于频谱分布广泛，容易影响介质损耗信号中的频谱从而带来误差。目前一般引入信号处理方法对干扰进行抑制。但是由于干扰信号种类很多且频谱分布广泛，因此当所选取的信号处理方法不当时，并不会有效进行干扰信号的滤除，反而会影响介质损耗在线监测的精准性。

（5）电压、电流信号的同步。高压电缆传感器所采集的电压、电流信号经测量单元送到中枢系统时会因距离、电路结构及元件特性等原因产生相位偏移，从而使得电压、电流信号不同步，产生介质损耗测量误差。同时在介质损耗的数字测量中，电压、电流信号的非同步采样易引起栅栏效应和频谱泄漏，使得

---

[1] 徐志钮，华北电力大学电力工程系高压教研室教师，博士，教授，硕士生导师，主讲高电压技术、高电压试验技术等课程。

介质损耗检测出现频率分辨点与取样点不重合以及能量泄漏的情况。栅栏效应一般是指在非同步采样时信号各次谐波分量未落在频率分辨点，形成两个频率分辨点之间夹着一个信号，从而使得频率分辨点与取样点不重合的情况。栅栏效应的解决办法是以四舍五入的方法代替不重合点，但是该方法会产生栅栏效应误差。频谱泄漏是指信号处理时将无限长信号抽样成有限长信号，抽样截断后产生的能量泄漏。

三、电力设备介质损耗监测常用技术

根据电力设备介质损耗监测实现途径的不同，可以将其分为绝对测量与相对测量两种类别，在绝对测量法中，又可以分为传统测量方法和数字测量方法。对于数字测量方法，可以将其分为硬件法和软件法种类型，二者分别对应硬件监测技术和软件监测技术，具体分类见表2-1。

表2-1 电力设备介质损耗监测常用技术

类别	方法	名称	优缺点	应用
绝对测量法	传统测量方法	电桥法	操作简单，精度较高	适用于高压电缆介质损耗离线与带电检测
		谐振法	低压高频状态下的介质损耗检测具有良好的精度	不适用于高压电缆介质损耗检测
		瓦特表法	测量原理简单，测量精度太低	不适用于高压电缆介质损耗检测
	数字测量方法	硬件法	硬件法基于过零比较器，抗干扰能力较差	适用于高压电缆介质损耗检测
		软件法	把电压、电流假设为标准正弦波，适用于离线	仅适用于高压电缆介质损耗离线检测
相对测量法	电流信号互为基准	综合相对测量法	排除了TV角差变化引起的误差，用相对介质损耗变化评估设备老化情况	适用于高压电缆介质损耗离线与带电检测

（1）电力设备介质损耗硬件监测技术主要有过零点电压比较法和过零点时差比较法两种。

1）过零点电压比较法。过零点电压比较法是测量两个频率相同、幅值相等、相角差小的正弦电压波之间的相角差的方法。过零点电压比较法的应用原理，是以电压在一个变化周期内，两次位于零点位置时的差值为依据，对介质损耗进行推算的。过零点电压比较法只需测量电压差即可，操作方便，难度较低，对启动采样电路、A/D转换电路要求不高，并且测量点选在零点附近位置即可，可以有效排除多种因素的干扰，抗干扰能力强。但要求满足的测量条件十分苛刻，波形出现不正规变化时，会对测量结果的准确性造成较大影响。如要求两个被测的正弦波谐波分量和谐波相位相等，增大了测量的难度。

2）过零点时差比较法。过零点时差比较法是数字化测量介质损耗中较早采用并且效果明显的一种方法，将相位测量变为时间测量。过零点时差比较法是以相位比较法为基础发展而来的，其基本原理是对电力设备电压、电流波形正负值一个变化周期内，两次过零点时的时间间隔进行测定，将其转化为电压和电流之间的功率因数角，以此来推算出介质损耗角大小，再对介质损耗情况进行判断。过零点时差比较法有测量分辨率高、线性好、易数学化的优点，但是需要对零点位置进行精准选择，并且测量结果也极易受谐波干扰，导致测量数值不准，误差因素有时对测量结果影响很大，从而限制了该方法的应用。其中最重要的误差原因是中性线漂移和波形畸变而导致信号过零点偏移。

（2）电力设备介质损耗软件监测技术主要有谐波分析法和正弦波参数法，二者都是电力设备介质损耗常用的软件监测技术。谐波分析法是以离散傅里叶变换原理为理论依据，对电力设备的电压、电流信号进行谐波分析，依据分析结果得到基波，以此作为依据，推算介质损耗角正切值大小，进而得到介质损耗具体情况。正弦波参数法将电力设备的电压、电流信号波形理想化为正弦变化趋势，利用三角函数理论知识，结合数学方程，对多个信号点之间的角度关系进行计算，得到介质损耗角正切值，完成介质损耗在线监测。

1）谐波分析法。设 $\dot{U}_{\mathrm{X}}$ 为被检测设备的运行电压，$\dot{I}_{\mathrm{X}}$ 为其上流过的泄漏电流。两者都满足狄里克雷充分条件，因此可按傅里叶级数分解为直流分量和各次谐波分量之和，即

$$i_{\mathrm{X}}(t) = I_0 + \sum_{k=1}^{\infty} I_k \sin(k\omega t + \beta_k) \tag{2-2}$$

$$u_{\mathrm{X}}(t) = U_0 + \sum_{k=1}^{\infty} U_k \sin(k\omega t + \alpha_k) \tag{2-3}$$

$\dot{U}_{\mathrm{X}}$ 还可以写成另一种三角函数形式

$$u_{\mathrm{X}}(t) = U_0 + \sum_{k=1}^{\infty} a_k \cos(k\omega t) + b_k \sin(k\omega t) \tag{2-4}$$

比较式（2-3）和式（2-4），可以得到两系数之间对应的关系，即

$$U_k = \sqrt{a_k^2 + b_k^2} \tag{2-5}$$

$$\alpha_k = \arctan \frac{a_k}{b_k} \tag{2-6}$$

而傅里叶级数中 U_0、a_k、b_k 系数的计算公式如下

$$U_0 = \frac{1}{T} \int_0^T u_X(t) \, \mathrm{d}t \tag{2-7}$$

$$a_k = \frac{2}{T} \int_0^T u_X(t) \cos k\omega t \mathrm{d}t \tag{2-8}$$

$$b_k = \frac{2}{T} \int_0^T u_X(t) \sin k\omega t \mathrm{d}t \tag{2-9}$$

利用式（2-7）～式（2-9）可以计算出各次谐波的幅值和初相角。若用计算机进行谐波分析，则必须采用 A/D 转换器对模拟信号进行采样和转换，使被测信号离散化为一系列的值，因此需得出离散化的公式。设被测模拟信号的周期为 T，一周期内的采样点数为 N，每隔 T/N 时间间隔采样一次，采满一个周期后，得到一个数据序列

$$\{U_k\} = U_0, U_1, U_2, \cdots, U_{N-1} \tag{2-10}$$

则离散化后傅里叶级数的系数 a_n、b_n 为

$$a_n = \frac{2}{T} \sum_{k=0}^{N-1} U_k \cos\left(\frac{2\pi}{N} kn\right) \frac{T}{N} = \frac{2}{N} \sum_{k=0}^{N-1} U_k \cos\left(\frac{2\pi}{N} kn\right) \tag{2-11}$$

$$b_n = \frac{2}{T} \sum_{k=0}^{N-1} U_k \sin\left(\frac{2\pi}{N} kn\right) \frac{T}{N} = \frac{2}{N} \sum_{k=0}^{N-1} U_k \sin\left(\frac{2\pi}{N} kn\right) \tag{2-12}$$

令 $n=1$，根据式（2-11）和式（2-12）可以计算出基波傅里叶系数 a_1、b_1（复数形式的实部与虚部），从而分解出信号中的基波分量。

$$a_1 = \frac{2}{T} \sum_{k=0}^{N-1} U_k \cos\left(\frac{2\pi}{N} k\right) \frac{T}{N} = \frac{2}{N} \sum_{k=0}^{N-1} U_k \cos\left(\frac{2\pi}{N} k\right) \tag{2-13}$$

$$b_1 = \frac{2}{T} \sum_{k=0}^{N-1} U_k \sin\left(\frac{2\pi}{N} k\right) \frac{T}{N} = \frac{2}{N} \sum_{k=0}^{N-1} U_k \sin\left(\frac{2\pi}{N} k\right) \tag{2-14}$$

得到电压信号基波的幅值与初相角分别是

$$U_1 = \sqrt{a_1^2 + b_1^2} \tag{2-15}$$

$$\alpha_1 = \arctan \frac{a_1}{b_1} \tag{2-16}$$

同理，可以得出电流信号基波的幅值 I_1 与初相角 β_1，则可以求出绝缘介质损耗角为

$$\delta = \frac{\pi}{2} - (\beta_1 - \alpha_1) \qquad\qquad (2-17)$$

谐波分析法是利用离散傅里叶变换对试品的电压、电流信号进行谐波分析，得出基波分量，再求出介质损耗角。该方法利用三角函数的正交性，使得用傅里叶变换求解电压、电流的基波参数时可以有效地克服各种干扰，尤其是谐波的干扰和零点漂移、温度漂移等，因此可以达到较高的稳定性和测量精度。

2）正弦波参数法。设流经绝缘的电流 $i = \sin(\omega t + \varphi_i)$，绝缘两端的电压 $u = U_m \sin(\omega t + \varphi_i)$，其中 I_m、U_m 分别为电流和电压的幅值系数；φ_i，φ_u 分别为电流与电压信号的相位角；ω 为电网频率。正弦波参数法是通过数模转换，将电流、电压信号离散化后，应用一定的算法，得到正弦波参数 I_m、U_m、φ_i、φ_u，再计算出 i 超前 u 的相位差 φ，进而算得介质损耗角 δ 的一种方法。其中电流 $i(t)$ 和电压 $u(t)$ 可展开为

$$i(t) = D_0 \sin(\omega t) + D_1 \cos(\omega t) \qquad\qquad (2-18)$$

$$u(t) = C_0 \sin(\omega t) + C_1 \cos(\omega t) \qquad\qquad (2-19)$$

式中：$D_0 = I_m \cos(\varphi_i)$；$D_1 = I_m \sin(\varphi_i)$；$C_0 = U_m \cos(\varphi_u)$；$C_0 = U_m \sin(\varphi_u)$。

由此可得

$$\varphi_i = \arctan(D_1 / D_0) \qquad\qquad (2-20)$$

$$\varphi_u = \arctan(C_1 / C_0) \qquad\qquad (2-21)$$

在对信号 $i(t)$ 与 $u(t)$ 采样并用适当的算法求得 D_0、D_1、C_0、C_1 后，即可由式（2-20）和式（2-21）算出 $\varphi = \varphi_i - \varphi_u$，进而得到介质损耗角 δ。

假设以采样率 f_s 从某一时刻开始对 $i(t)$ 和 $u(t)$ 采样，分别得到 M 对采样值 $i(t_j)$ 和 $u(t_j)$，其中 t_j 为不同的采样时刻，$j = 0$，1，$\cdots$，$M-1$。

采用最小二乘法来求取 D_0、D_1、C_0、C_1，即拟合信号与实际信号的总体误差平方和达到最小。令误差平方和为

$$X = \sum_{j=0}^{M-1} [D_0 \sin \omega t_j + D_1 \cos \omega t_j - i(t_j)]^2 \qquad\qquad (2-22)$$

$$Y = \sum_{j=0}^{M-1} [C_0 \sin \omega t_j + C_1 \cos \omega t_j - u(t_j)]^2 \qquad\qquad (2-23)$$

为使其最小，则有 $\dfrac{\partial X}{\partial D_0} = 0, \dfrac{\partial X}{\partial D_1} = 0, \dfrac{\partial Y}{\partial C_0} = 0, \dfrac{\partial Y}{\partial C_1} = 0$，由式（2-22）和式（2-23）可得如下线性方程组

$$A^{\mathrm{T}}AD = A^{\mathrm{T}}G \qquad\qquad (2-24)$$

$$A^{\mathrm{T}}AC = A^{\mathrm{T}}F \qquad\qquad (2-25)$$

式（2-24）和式（2-25）中

$$A = \begin{bmatrix} \sin\omega t_0 & \cos\omega t_0 \\ \sin\omega t_1 & \cos\omega t_1 \\ \vdots & \vdots \\ \sin\omega t_{M-1} & \cos\omega t_{M-1} \end{bmatrix}$$

$$G = \begin{bmatrix} i(t_0) \\ i(t_1) \\ \vdots \\ i(t_{M-1}) \end{bmatrix}, F = \begin{bmatrix} u(t_0) \\ u(t_1) \\ \vdots \\ u(t_{M-1}) \end{bmatrix}$$

$$D = \begin{bmatrix} D_0 \\ D_1 \end{bmatrix}, C = \begin{bmatrix} C_0 \\ C_1 \end{bmatrix}$$

解上述线性方程组，即可求出 D_0、D_1、C_0、C_1 及 φ_i、φ_u，从而得到

$$\delta = \pi/2 - (\varphi_i - \varphi_u) \qquad\qquad (2-26)$$

正弦波参数法应用了三角函数正交性，但正交性仅在 f_s 和 f 满足整数倍时才成立。因此，应用正弦波参数法时，需要相应的硬件同步采样卡。此外，正弦波参数法会因谐波影响带来较大的误差。

总之，谐波分析法精准度较高，但是测量结果会因为频率波动发生较大变化，并且需要借助高分辨率转换器，经常会因为电压变化趋势线不够一个周期，而出现频谱泄漏现象。正弦波参数法在进行假设时，会因为高频谐波分量的存在而受到限制，假设结果与实际结果之间存在较大偏差。

除了上述主要使用的谐波分析法和正弦波参数法，电力设备介质损耗软件监测技术还有以下两种方法：

1）异频电源法。异频电源法是一种全新的抗干扰方法。其原理是在介质损耗测量中测试电源频率偏离干扰电源频率，通过频率识别或滤波技术排除干扰电源的影响。实际上 $\tan\delta$ 是随频率的变化而变化的，这就出现了不同频率下的介质损耗测量结果的等同性问题。异频电源频率不能偏离工频太远，否则测量结果与工频下的损耗值失去等同性；但也不能偏离太近，否则又会增大频率分辨的难度，同样会造成较大的误差。正弦电压和电流在时域的表达式可写为

$$u(t) = C_0 \sin\omega t + C_1 \cos\omega t \qquad\qquad (2-27)$$

$$i\,(t) = D_0 \sin \omega t + D_1 \cos \omega t \tag{2-28}$$

式中: $C_0 = U_m \cos \varphi_u; C_1 = U_m \sin \varphi_u; D_0 = U_m \cos \varphi_i; D_1 = U_m \sin \varphi_i$。于是

$$\delta = \pi / 2 - [\arctan (D_1 / D_0) - \arctan (D_1 / D_0)] \tag{2-29}$$

从技术层面上看，将异频频率和工频频率分辨开来可以采用离散傅里叶变换（DFT）。理论上只要满足同步采样条件，DFT 就不会出现泄漏效应，也就意味着可以准确地将异频电源频率所对应的频谱抽取出来，从而得到该频率波的初相位。不过，同样由于电网频率的不稳定性，加之同步采样环节存在的某些误差，会造成对采样信号作 DFT 时出现较大的误差，所以在对信号作 DFT 时应用针对性的措施来消弭误差，确保测量的 $\tan \delta$ 精准度。

2）相关函数法。相关函数法作为主流的测量电容型设备介质损耗方法之一，原理简单、实现容易、采样频率和采样点数选择灵活，在介质损耗测量中已有应用。但由于电力系统信号的时变性，非同步采样很难避免，当频率偏离稍大时相关函数法容易产生较大误差。在此情况下相关研究人员提出了一种改进的相关函数法，该方法使用一种快速的加汉宁窗插值傅里叶算法获得信号频率，然后根据获得的频率截取整周期信号，并采用抛物插值算法获得积分区间边界点的值，最后使用基于辛卜生公式的相关函数法对整周期的信号计算介质损耗，仿真和实测信号的计算验证了算法能在较大程度上提高相关函数法在非整周期采样时的精确度。

第二节 工频介质损耗测量的技术

数字化测量的优点在于它的智能化和多功能趋势，特别是将其后级处理与高压设备绝缘的诊断专家系统相联系，实现自动检测和诊断报警。介质损耗的数字化测量方法的原理是利用传感器从试品上取得所需的信号 U 和 I 经前置预处理电路数字化后送至数据处理部分，即计算机或单片机，算出电流、电压之间的相位差，最后得到测量值 $\tan \delta$，如图 2-3 所示。

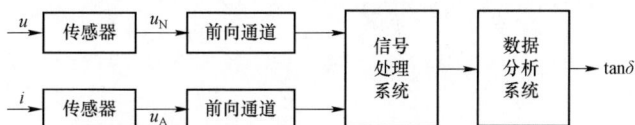

图 2-3 介质损耗的数字化测量原理图

一、测量案例

案例一 目前，如何依据 10kV 电缆运行状态来制定经济的检修方案，实现电缆全生命周期的有效管理，已成为城市供电企业十分关切的热点问题。为此，中国南方电网广州供电局有限公司联合清华大学选取制作了 4 条新的 10kV 电缆及附件，制作成完整的试验电缆，对它们进行工频恒压负荷循环试验，通过介质损耗角正切值 $\tan\delta$，在宏观上反映了电缆的老化状态。电缆的 $\tan\delta$ 检测试验采用 AI-6000 自动抗干扰精密介质损耗测量仪，采用反接线、内标准、内高压模式来测量。

$\tan\delta$ 检测试验采用先升压后降压的测量顺序，依次测量了试验电压 U 为 4.5、6、7.5、8.5、9、10kV 条件下 4 条 10kV 电缆三相的介质损耗角正切值 $\tan\delta$。

从介质损耗角正切值检测试验来看，10kV 电缆的介质损耗角正切值随外加试验电压的变化、在 $1.5U_0$ 和 $0.5U_0$ 试验电压下测得的介质损耗角正切值突变值、介质损耗角正切值的测量平均值可以反映电缆整体绝缘的老化状态。测试突变值越小，测量平均值越小，说明电缆整体绝缘状态越完好；反之，则说明电缆绝缘缺陷越严重。

案例二 西昌学院褚晓锐和钱波利用 DELTA-2000 全自动介损测试仪对电缆试样进行介质损耗角正切值的测量，其基本电路基于西林电桥。西林电桥的原理接线如图 2-4 所示。其中被试品以并联等效电路表示，其等效电容和电阻分别为 C_X 和 R_X；R_3 为可调的无感电阻；C_N 为高压标准电容器的电容；C_4 为可调电容；R_4 为定值无感电阻；P 为交流检流计。

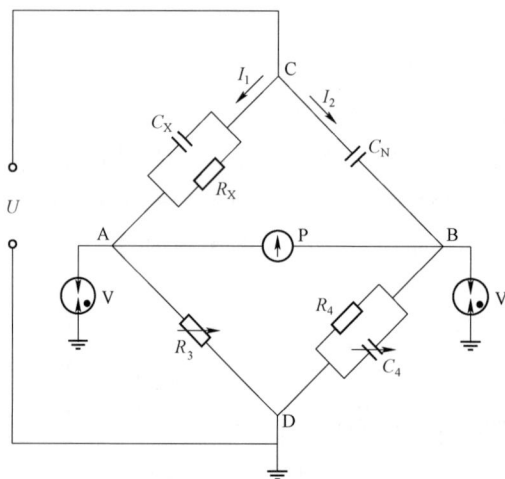

图 2-4　西林电桥的原理接线图

介质损耗角正切值为

$$\tan\delta = \frac{1}{\omega C_X R_X} = \omega C_4 R_4 \qquad (2-30)$$

　　试验前，把电缆的缆芯抽出，进行表面处理，然后用锡箔纸缠绕中间部分做电极，1 号和 2 号试样使用 $U_e = 3.5\text{kV}$ 的电缆芯子。测试电压为 0.5～3.8kV。1 号试样进行试验时，当电压加到 1.4kV 时，其发生了沿面放电，产生电火花，并将电缆切口一处灼烧。2 号试样进行试验时，当电压加到 3.8kV 时，其表面被击穿，试验数据见表 2-2。

表 2-2　　　　　　　　　　　　测　试　数　据

测试序号	U（kV）	I（mA）	$\tan\delta$（%）	C_X（pF）
1	0.50	0.002	−0.50	18.56
2	0.82	0.004	−0.40	18.60
3	1.04	0.006	−0.39	18.65
4	1.21	0.007	−0.39	18.67
5	1.50	0.008	−0.28	18.71
6	1.72	0.010	−0.27	18.75
7	2.00	0.011	−0.12	18.70
8	2.51	0.014	0.02	18.881
9	3.04	0.017	0.16	18.86
10	3.52	0.020	0.29	18.89
11	3.80	—	—	—

　　利用 DELTA-2000 全自动介损测试仪对电缆试样进行 $\tan\delta$ 测量，发现电缆试样的 $\tan\delta$ 在较低电压时为负值，但随着测量电压的升高，$\tan\delta$ 逐渐增大，之后 $\tan\delta$ 变成正值，直到试样表面被击穿。对测试结果进行分析，得到电缆试样的 $\tan\delta$ 为负值的原因主要为外界电磁场对电桥的干扰和标准电容损耗较大，并提出了相应的技术处理措施。

　　案例三　郑州电力高等专科学校的李鹏和董雪峰探究了介质损耗角正切值（$\tan\delta$）与交联聚乙烯（XLPE）电缆绝缘水树枝老化的关联性，分析了工频电压下电桥法现场测量 XLPE 电缆 $\tan\delta$ 的适用性及优缺点。他们在现有技术手段内，采用介损测试仪对几条 10kV 交联聚乙烯电缆先后进行测试，对其绝缘状况进行了判别。所用仪器为 AI-6000D 自动抗干扰精密介质损耗测量仪，内置数字式介损电桥、变频电源、试验变压器和标准电容器等，采用变频抗干扰和傅里叶变换数字滤波技术，全自动智能化测量，强干扰下测量数据非常稳定。测量时均采用正接线，测量数据见表 2-3。

表 2-3   测 量 数 据

电缆编号	项别	C_X（nF）	tanδ（%）	电压（kV）	电流（mA）	长度（m）
1	A-BC 及屏蔽	264.3	1.462	1.995	166.7	约 700
	B-AC 及屏蔽	265.1	0.786	1.994	165.6	
	C-AB 及屏蔽	262.8	0.575	1.994	164.5	
2	A-BC 及屏蔽	34.65	1.072	9.992	106.8	98
	B-AC 及屏蔽	33.92	0.958	9.991	106.5	
	C-AB 及屏蔽	35.13	1.383	9.992	107.8	
3	A-BC 及屏蔽	18.13	0.153	9.982	56.87	103
	B-AC 及屏蔽	16.29	0.214	9.983	51.12	
	C-AB 及屏蔽	17.91	0.167	9.983	56.16	

电缆 1 为某小区 10kV 配电室换掉的电源进线，型号为 ZR-YJLV22-8.7/10kV-3×300mm^2，运行时间约 8 年，长期处于过负荷状态。从表 2-3 可知，A 相介质损耗角正切值明显过大，绝缘老化严重，可能存在较严重的水树枝老化现象。另外两相的介质损耗角正切值也偏大，与长期过负荷有很大的关联性。由于电桥内置电源最大容量只有 0.5kVA，而电缆较长，试验时电压仅能维持在 2kV 左右。

电缆 2 为某企业配电室更换掉的电源进线，型号为 YJLV2 2-8.7/10kV-3×240mm^2，运行时间仅 5 年，因电缆头多次击穿而更换。从表 2-3 可知，该电缆各相介质损耗角正切值均较高，有严重的水树枝老化迹象。考虑该电缆运行时间并不长，即使经常过负荷也不应该出现如此严重老化现象，初步判断为电缆质量较差引起。经核对设备台账，证实该电缆为一小型电缆厂产品。

作为对比，型号为 YJLV2 2-8.7/10kV-3×35mm^2 的电缆 3 是新敷设电缆，未曾投入运行，测量的介质损耗角正切值见表 2-3，三相介质损耗角正切值都非常小。需要说明的是，测量时电缆终端未制作完成，对测量结果有不利影响。

表 2-3 的数据比较有限，但也可以初步说明，工频电压下采用介损电桥测量交联聚乙烯电缆的介质损耗角正切值可得到较准确结果：新电缆绝缘良好，其 tanδ 值很小；对于运行中的电缆，若 tanδ 值明显增大，通常预示着绝缘受潮

和过热严重或绝缘制造质量差，产生严重水树枝老化现象。

通过 XLPE 电缆 tanδ的测量监测其绝缘水树枝老化的有效性已得到广泛认同，关键是测量的 tanδ能否真实反映 XLPE 电缆运行时产生的损耗。最新研究表明，工频电压下运行的 XLPE 电缆绝缘中同时存在电导损耗、极化/松弛损耗和半导电层产生的电阻损耗，通过对前述几种测量 tanδ方法的对比和部分现场试验数据分析，得到如下结论：

用各种介损电桥在工频电压下测得的 tanδ与电缆正常运行时外施电压频率一致，而频率对极化损耗的影响最大，因此能够反映 XLPE 电缆真实的绝缘状况。试验数据也初步表明，电桥法测量 tanδ能够反映 XLPE 电缆中存在较严重水树枝老化缺陷。目前制约该方法在现场应用的主要因素是电桥本身电源或与其配套电源容量较小，只适合电压较低、长度较短电缆的介质损耗角正切值测量。若能解决电源容量问题，则该方法最适合于现场应用。

二、案例中所用的试验仪器及其他仪器

案例一和案例三中所用的是 AI-6000 型自动抗干扰精密介质损耗测量仪。

AI-6000 系列设备是一种新颖的测量介质损耗角正切值（tanδ）和电容值（C_X）的智能化仪器，可以在工频高压下，现场测量各种绝缘材料、绝缘套管、电力电缆、电容器、互感器、变压器等高压设备的介质损耗角正切值和电容值，配以绝缘油杯可测试绝缘油介质损耗。其主要的应用场所是发电厂、变电站等现场，实验室也会用其进行试验。仪器为一体式结构，包括介质损耗测试电桥、可变频调压电源、升压变压器和 SF$_6$ 高稳定度标准电容器等。仪器内部的逆变器可以产生测试高压源，由变压器升压后进行校正使用。45Hz 或 55Hz、55Hz 或 65Hz 是其频率的可使用值，而且为了避免电场的干扰，设备运用了数字陷波技术，解决了强电场干扰。自动抗干扰精密介质损耗测量仪用于现场抗干扰介质损耗测量，或试验室精密介质损耗测量。仪器为一体化结构，内置介损电桥、变频电源、试验变压器和标准电容器等。采用变频抗干扰和傅里叶变换数字滤波技术，全自动智能化测量，强干扰下测量数据非常稳定，其实物如图 2-5 所示。

AI-6000 自动抗干扰精密介质损耗测量仪性能参数见表 2-4。

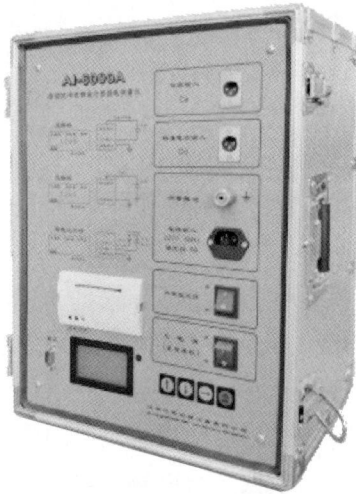

图 2-5   AI-6000 自动抗干扰精密介质损耗测量仪

表 2-4   AI-6000 自动抗干扰精密介质损耗测量仪主要性能参数

型号	最大输出电流	外形尺寸（cm×cm×cm）	质量（kg）	高电压介质损耗	计算机接口及存储	电容式电压互感器（CVT）自激法测量	反接线低压侧屏蔽	电压互感器（TV）/电容式电压互感器（CVT）变比
AI-6000	200mA/10kV	46×35×34	28	有	RS-232存储100组数	外接标准外部自激升压	无	无

准确度	C_X：±（读数×1%+1pF）；$\tan\delta$±（读数×1%+0.00040）
抗干扰指标	变频抗干扰，在 200% 干扰下仍能达到上述准确度
电容量范围	内施高压：3～60000pF/10kV；60pF～1.2μF/0.5kV
	外施高压：3pF～1.5μF/10kV；60pF～30μF/0.5kV
	分辨率：最高 0.001pF，4 位有效数字
$\tan\delta$ 范围	不限，分辨率 0.001%，电容、电感、电阻三种试品自动识别
试验电流范围	10μA～5A
内施高压	设定电压范围：100～10000V
	最大输出电流：200mA
	升降压方式：连续平滑调节
	电压精度：±（读数×1%）
	电压分辨率：1V
试验频率	45～65Hz 整数频率，步进 1Hz；49/51Hz；59/61Hz 自动双变频
	频率精度：0.01Hz
外施高压	正接线时最大试验电流 5A；反接线时最大试验电流 10000V/5A
	试验频率：30～300Hz

测量时间	约 30s（与测量方式有关）
输入电流	180～270V AC，50Hz/60Hz±1%（市电或发电机供电）
计算机接口	标准 RS－232 接口，可选配无线蓝牙接口
打印机	微型打印机
工作环境	温度范围：－10～50℃
相对湿度	＜90%，不结露

AI－6000 型自动抗干扰精密介质损耗测量仪的主要特点有：

（1）变频抗干扰。采用变频抗干扰技术，在 200%干扰下仍能准确测量，测试数据稳定，特别适合在现场做抗干扰介质损耗试验。

（2）高精度测量。采用数字滤波、电桥自校准和频率跟踪等技术，配合高精度三端标准电容器，实现了高精度介质损耗测量，并且正/反接线测量的准确度和稳定性一致。

（3）多级安全保护，确保人身和设备安全。

高压保护：试品短路、击穿或高压电流波动，能以短路方式切断输出高压。

低压保护：误接 380V、电源波动或突然断电，启动保护，不会引起过电压。

接地保护：仪器接地不良使外壳带危险电压时，启动接地保护。

防误操作：两级电源开关；电压、电流实时监视；多次按键确认；接线端子高/低压分明；缓速升压，可迅速降压，声光报警。

防"容升"：测量大容量试品时会出现电压抬高的"容升"效应，仪器能自动跟踪输出电压，保持试验电压恒定。

抗震性能：仪器采用独特的抗震设计，可耐受强烈长途运输震动、颠簸而不会损坏。

高压电缆：为耐高压绝缘导线，可拖地使用。

AI－6000 型自动抗干扰精密介质损耗测量仪具有强大的功能：

（1）具有正/反接线、内/外标准电容、内/外高压多种模式组合，一体化结构，可做各种常规介质损耗试验，不需外接任何辅助设备。

（2）中文图文菜单，大屏幕背光液晶显示屏（LCD）显示更清晰。测试数据丰富，自动分辨电容、电感、电阻型试品。

（3）具有外接标准电容器接口，自动跟踪外接试验电源频率 40～70Hz，支持工频电源和串联谐振电源做大容量高电压介质损耗试验。

（4）自动识别 50Hz/60Hz 系统电源，支持发电机供电，即使频率波动大，也可正常测量。

（5）仪器所有量程输入电阻低于 2Ω，消除了测试线附加电容的影响。

（6）内置串联和并联两种介质损耗测量模型，可与校验台和介损标准器完全兼容，方便仪器检定。

（7）可外接油杯做绝缘油介质损耗试验，可外接固体材料测量电极做固体绝缘材料介质损耗试验。

（8）带日历时钟，可本机存储 100 组测量数据，自带微型打印机，可打印输出。

（9）带计算机接口。通过该接口，实现测量、数据处理和报表输出，也可实现仪器内部测量软件升级。一台计算机可控制 32 台仪器，可集成到综合高压试验车上。

案例二中所用仪器为 DELTA-2000 全自动介损测试仪，其实物图如图 2-6 所示。

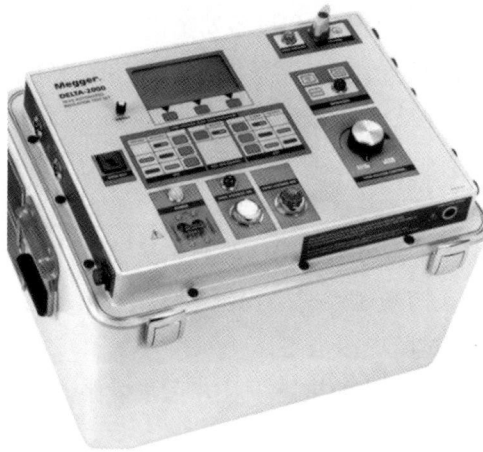

图 2-6 DELTA-2000 全自动介损测试仪

该仪器具有操作简便，不需大量软件配置；适用于强干扰的 765kV 以下的现场测试；具有存储打印装载测试结果功能；制造结实，适于现场及室内使用等特点。

DELTA-2000 全自动介损测试仪具备如下优势：

（1）DELTA-2000 全自动 10kV 电容、介质损耗角正切值、功率因数测试仪用于高压设备的电器绝缘介质的分析。例如变压器、套筒、断路器、电缆、避雷器和旋转设备等。仪器本身提供了广泛的参数测量，测量是全自动进行的，测量结果显示在大屏幕的 LED 上。

（2）仪器内部固有的抗干扰电路，使仪器即使在强大的电磁场干扰的情况下也能够得到真实可靠的测量结果。仪器可在 765kV 以下的变电站现场测量。

该仪器的主要特征包括：

（1）自动测量高至 10kV 的绝缘系数。

（2）显示的测量值有电压、电流、功耗、功率因数和电容值。

（3）DELTA－2000 全自动介损测试仪还可以用来测量变压器的励磁电流。

（4）绝缘油测试选项：可以测量高至 10kV 的绝缘油的绝缘性能。

（5）全自动测量，消除错误，减少测量时间。

（6）简化操作过程，不需大量软件。

（7）履行所有的非干扰抑制电路使其在严重的电磁情况下能够得到高精度的测量结果。

（8）仪器体积小、质量轻，方便运输。

（9）接地检测使其在检测前能够确保接地。

（10）手动开关使操作安全。

（11）内部调谐检测电路使电容的检测量（在 10kV）可达到 1μF。

（12）数据键中 127 组检测结果用于检测和分析，通过接口存储信息很容易传输到个人计算机上。

（13）RS－232 接口用于与计算机相连。

（14）系统带有打印机，用于打印测量结果。

（15）测量结果都包含检测数值和测量时间。

（16）测量液体绝缘程度的油测量容器测值达到 10kV。

（17）任选的校正标准可以保证操作的正确和测量结果的精度。

（18）任选的条形码识别器及计算机软件用于室外识别样品的标记。

三、案例中的测量设备

1. M4000 型电桥

全自动绝缘检测仪 M4000 也是常用的高压介质损耗测量仪。该仪器主要用于现场测试和诊断高压电气设备的绝缘状况，可对试品施加 12～25kV 的工频电压，通过测量介质损耗、电容、电感和电流等电气参数，为试品的绝缘诊断提供依据。

该仪器的工作主要由所配的微机控制完成，具有自动测量、高精度、高灵敏度、宽量程、抗干扰性能好等特点，并可对测量数据进行存储、分析和打印。

M4000 电桥测量系统主要由 M4200 控制器、M4100 主机、电缆和附件组成。M4200 控制器是一个标准的 IBM 桌面微机，内置图形打印机，主要通过串口通信控制主机的工作。

M4100 主机主体是一个由 32 位微处理器控制的智能电桥，可对所测试品施加高至 12kV 的工频或准工频交流电压，通过测量所加电压及流经试品的电流计算介质损耗等参数。

其操作步骤如下：

（1）运送该仪器到试验现场，取下微机及其支撑架、电缆袋和高压电缆。

（2）将主机朝上，装上微机支撑架和微机。

（3）拿掉主机的保护面盖。

（4）连接地线。

（5）连接主机和微机的电源线。

（6）用串口线连接主机和微机。

（7）连接两根带有按键的安全电缆。

（8）连接标有红色和蓝色标志的低压电缆。

（9）连接高压电缆。

（10）连接警示灯。

（11）连接温度和湿度传感器（可选）。

（12）根据试验方案连接调晶端的电缆接线。

（13）打开主机电源。

（14）打开微机电源，微机启动进入程序控制菜单。

（15）根据试验方案设置程序选项，进行加压试验。

（16）试验完成，按反向步骤进行拆线和仪器复原。

（17）撤离现场。

使用注意事项如下：

（1）使用该仪器进行试验时，至少需要一名操作人员和一名监督人员，每人分别控制一个安全按钮。

（2）交流电源的地线（除相线和中性线外的第三根线）必须和主机上的试验地线（test ground）连通，否则拒绝进行试验。

（3）试验加压进行过程中不允许插拔测量线缆。

（4）试验加压过程中必须按好安全按钮，一旦遇到紧急情况，立即松开，试验加压结束后应松开。

（5）试验输出电流注意保持在一定限度以内。

（6）警示灯在试验进行时会不停地闪射，表明试验加压正在进行。

（7）试验进行过程中，一旦仪器本身诊测到异常情况，应松开安全按钮，停止加压进行检查。

（8）如果微机和主机间的通信发生问题，加压就无法进行。

（9）主机内的温度应保持在一定的限度以内。

2. QS37a 高压电桥测试仪

QS37a 型高压电桥是一款新型的高压电桥，主要用于测量高压工业绝缘材料的介质损耗角正切值及电容量，如图 2-7 所示。它主要可以测量电容器、互感器、变压器，各种电工油及各种固体绝缘材料在工频高压下的介质损耗角正切值（$\tan\delta$）和电容量（C_X），其测量线路采用"正接法"，即测量对地绝缘的试品。由于电桥内附有一个 5000V 的高压电源及一台高压标准电容器，并将副桥和检流计与高压电桥有机地结合在一起，所以此电桥特别适应测量各类绝缘油和绝缘材料的介质损耗角正切值（$\tan\delta$）及介电常数（ε）。符合 GB/T 1409《测量电气绝缘材料在工频、音频、高频（包括米波波长在内）下电容率和介质损耗因数的推荐方法》、GB/T 5654《液体绝缘材料　相对电容率、介质损耗因数和直流电阻率的测量》及 GB/T 1693《硫化橡胶介电常数和介质损耗角正切值的测定方法》、ASTM D150—1998（2004）《固体电绝缘材料的交流损耗特性及介电常数的试验方法》。其采用了西林电桥的经典线路，内附 0～2500V 的数显高压电源及 100pF 标准电容器，并可按用户要求扩装外接标准电容线路。

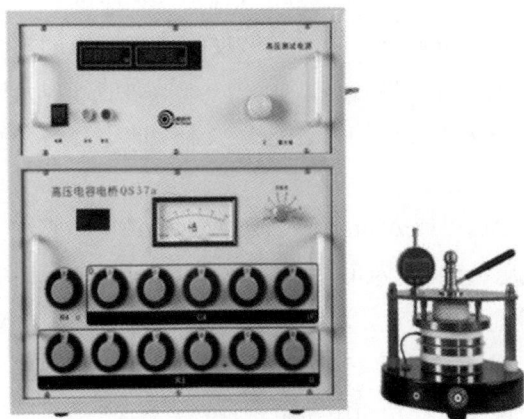

图 2-7　QS37a 高压电桥测试仪

其性能特点为：

（1）桥体本身带有 5000V 电源及标准电容（100pF），测量材料介质损耗更为方便。

（2）桥体内附电位跟踪器及指零仪，外围接线少。

（3）桥体采用了多样化的介质损耗测量线路。

（4）电桥采用接触电阻小、机械寿命长的十进开关，保证测量的稳定性。

（5）仪器具有双屏蔽，能有效防止外部电磁场的干扰。

（6）仪器内部电阻及电容元件经特殊老化处理，使仪器技术性能稳定可靠。

其技术指标如下：

（1）测量范围及误差。电桥的环境温度为（20±5）℃，在相对湿度为30%～80%的条件下，应满足表 2-5 中的技术指示要求。

表 2-5　　　　　　　　　　技 术 指 示 要 求

测量项目	测量范围	测量误差
在 C_n = 100pF，R_4 = 3183.2Ω 时		
电容量（C_X）	40～20000pF	±0.5%C_X±2pF
介质损耗角正切值（$\tan\delta$）	0～1	±1.5%$\tan\delta_X$±0.0001
在 C_n = 100pF，R_4 = 318.3Ω 时		
电容量（C_X）	4～2000pF	±0.5%C_X±3pF
介质损耗角正切值（$\tan\delta$）	0～0.1	±1.5%$\tan\delta_X$±0.0001

（2）电桥测量灵敏度。电桥在使用过程中，灵敏度直接影响电桥平稳衡的分辨程度，为保证测量准确度，电桥灵敏度应达到一定的水平。通常情况下电桥灵敏度与测量电压、标准电容量成正比。在下面的计算公式中，用户可根据实际情况估算出电桥灵敏度水平，在这个水平上的电容与介质损耗角正切值的微小变化都能够反应出来。

$$\Delta C/C \text{ 或 } \Delta\tan\delta = I_g/U\omega C_n(1 + R_g/R_4 + C_n/C_X)$$

式中：U 为测量电压，V；ω 为角频率，$2\pi f$=314，取 50Hz；C_n 为标准电容器容量，F；I_g 为通用指零仪的电流，为 5×10^{-10}A；R_g 为平衡指零仪内阻，约 1500Ω；R_4 为桥臂 R_4 阻值，取 3183Ω；C_X 为被测试品电容值，pF。

（3）工作电压说明。在使用中，电桥顶 A、B 对 V 点的电压不超过 11V，R_3 桥臂各盘的电流不超过表 2-6 的规定。

表 2−6　　　　　　　　　　　R_3 桥 臂 各 盘 的 电 流

R_3 桥臂各盘	电流
$10 \times 1\text{k}\Omega$	$I_{max} \leqslant 15\text{mA}$
$10 \times 100\Omega$	$I_{max} \leqslant 120\text{mA}$
$10 \times 10\Omega$	$I_{max} \leqslant 150\text{mA}$

用户在使用前应注意以上的问题。如不清楚，可根据实验电压及标准电容量，按式（2−31）来计算出大概的工作电流。

$$I = \omega UC \qquad\qquad (2-31)$$

（4）辅桥和指零装置的技术特性。辅桥的技术特性要求不失真跟踪电压 0～11V（有效值）。指零装置的技术特性要求在 50Hz 时电压灵敏度不低于 $1 \times 10^{-6}\text{V/}$格，电流灵敏度不低于 $2 \times 10^{-9}\text{A/}$格，二次谐波减小不小于 25dB，三次谐波减小不小于 50dB。

QS37a 型高压电桥采用典型的西林电桥线路。C_4 桥臂在基本量程时，与 R_4 桥臂并联，测量数值为正损耗因数。其结构采用双层屏蔽，并通过辅桥的辅助平衡，消除寄生参数对电桥平衡的影响。辅桥由自动跟踪器与内层屏蔽（S）组成。自动跟踪器由电子元器件组成。它在桥顶 B 处取一输入电压，通过放大后，在内层屏蔽（S）产生一个与 B 电位相等的电压。当电桥平衡时，A、B、S 三点电位必然相等，从而达到自动跟踪的目的。此电桥在平衡过程中，辅桥采用自动电位跟踪，在主桥平衡过程的同时，辅桥也自动跟踪，始终处于平衡的状态，用户只要对主桥平衡进行操作就能得到可靠的所需数据。同时也有效抑制了电压波动对平衡所带来的影响。在指零部分，采用了指针式电能表指示，视觉直观、分辨清楚，克服了以往振动式检流计的缺点。

（1）桥体组成。电桥各臂的组成：1 臂由被测对象 C_X 组成 Z_1。2 臂由高压标准电容器 C_n 组成 Z_2。第三臂由十进电阻器 $10 \times (1000 + 100 + 10 + 1 + 0.1)\Omega$ 和滑线电阻 $0 \sim 0.13\Omega$ 组成 Z_3。第四臂由十进电容臂 $10 \times (0.1 + 0.01 + 0.001 + 0.000\,1)\mu\text{F}$ 和可变电容器 100pF 组成 C_4 再与电阻 R_4 并联组成 Z_4。

（2）计算公式。

$$C_X = R_4 \times C_n / R_3 \qquad\qquad (2-32)$$

$$\tan\delta = \omega R_4 C_4 \qquad\qquad (2-33)$$

其中，R_3、R_4 的单位为欧姆；C_n、C_X 的单位为皮法；C_4 的单位为法拉。

当 $R_4 = 10\text{k}\Omega/\pi$ 时，$\tan\delta = C_4$；当 $R_4 = 1\text{k}\Omega/\pi$ 时，$\tan\delta = 0.1C_4$。

采取相对固定 R_4 电阻，分别调节 R_3 和 C_4 使桥跟平衡，从而测得试品的电容值（C_X）和介质损耗角正切值（$\tan\delta$）。此电桥为了直读出损耗值，取电阻 R_4 的阻值为角频率（$f = 50\text{Hz}$）的若干倍。

此电桥额定的工作频率 $f = 50\text{Hz}$，在实际工作频率偏离额定频率时可用修正式进行修正：

$$\tan\delta' = f'\tan\delta / f \qquad (2-34)$$

式中：f 为额定工作频率，取 50Hz；f' 为实际工作频率；$\tan\delta$ 为电桥测得损耗值；$\tan\delta'$ 为被测试品介质损耗角正切值的实际值。

操作方法为：

（1）测试前的准备工作。

1）连接标准电容 C_n（选用外接标准电容时）与被测电容 C_X，并且将标准电容与被测电容尽可能远离，以防止互相之间干扰。如选用内部标准电容器，只需连接被测试品即可。

2）检查周围是否有强电磁场干扰，应尽量避免。

3）检查大地线是否牢靠，以保证操作人员的安全，应检查电桥上的 ⊥ 与大地是否接触良好。

4）检查电桥的灵敏度开关是否已回零位。

5）检查试品的绝缘强度，应符合相关标准。

6）对试品施加试验电压（按专业标准的规定进行）。

（2）试品的测试。

1）在不知道被测试品的容量及损耗时，可先施加少许的电压，找到粗平衡点后，再把工作电压升到所需的值，然后再寻找细平衡点。

2）在测量时，灵敏度开关是按从小到大的规律来调节的。

3）在测量时，R_3 开关是按从左至右的规律来调节的。

4）在测量时，C_4 开关是按从右至左的规律来调节的。

5）整个测量步骤：首先检查接线无误后，方可通电试验。第二步是升起试验电压，并调节灵敏度开关，使 UA 表头有明显的指示。此时表明电桥没有平衡。第三步是调节 R_3 开关，顺序从左至右。这时通过观察表头来观察电桥的平衡状况。如表头已回零，可再加大灵敏度。应总保持能明显地观察到调节 R_3 时，电桥的平衡状况。第四步是在某一点上用户会发现，调节 R_3 已无法使表头再回到零位。这时可调节 C_4 开关，顺序是从右至左，把表头指针调节到小位。

第五步是用户在调节 C_4 到某一点时又会发现无法将指针调回零位。这时又要去调节 R_3 开关，调节的位数是上一次调节 R_3 的后位，然后又会出现第四步时的问题，又必须要调节 C_4 开关……就这样来回往复地调节 R_3 和 C_4 两组开关，直至灵敏度开关大时，并且指针回零（或指零仪指示到小位置），表明电桥已达到平衡。

6）测量完毕后或在暂停测量时，应将指零仪的灵敏度开关降至"0"，再将测量电压降至零并切断电源开关，根据计算公式，算出被测试品的容量及介质损耗角正切值。

3. 小结

高压介质损耗测量仪与西林电桥相比，克服了精度不高、易受外界干扰的缺点，具备更简便的操作方式、更直观自动的测量方式、更高的测量准确度，以及更强的抗干扰性能，因此被普遍应用于各种电力电缆、电容器、互感器、电容式电压互感器（CVT）、变压器、发电机等高压设备绝缘材料和绝缘套管等的电介质损耗的现场测量。

高压介质损耗测量仪可以通过正/反接线试验、内/外标准电容器、CVT 和内/外试验电压试验等多种方式进行测量。测量仪的测试性能主要体现在可以进行内置高压正/反接线试验，用于测试不接地型和接地型两种试验对象。高压介质损耗测量仪具备良好的抗干扰性能，基本不受空气湿度影响，运用矢量运算和移相法与干扰补偿电路相配合的方法，有效消除外界电磁场和电压对测量准确度的影响，具备较好的测量重复性和电压线性；具备报警和防护功能，能够在高压短路和突然断电时迅速切断高压等特点。

高压介质损耗测量仪采用便携式一体化结构，内部主要由变频调压电源、升压变压器、内置高稳定度标准电容器、介质损耗测量电路、计算机系统和其他外接辅助设备组合而成，其结构原理框图如图 2-8 所示。变频调压电源可调制频率为 $45\sim65\mathrm{Hz}$ 的可变电压，采用数字陷波技术，降低了对工频电场测量的干扰抑制作用；升压变压器最高可输出 10kV 的试验电压，可实现在无外部设备情况下，内部高压测量范围内的现场测量；标准回路由内置高压稳定度标准电容器与标准电阻网络组成，由计算机实时采集标准回路电流与测试回路电流的幅值及其相位差，并算出被测试品电容值和介质损耗角正切值。最后计算机系统实现介质损耗测量过程中的数字化采集、数据处理、功能运行和人机交互等。

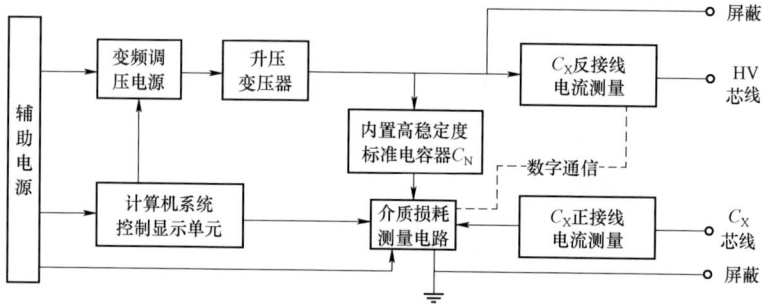

图 2-8 高压介质损耗测量仪的结构原理

高压介质损耗测量仪的测量原理是：由变频调压电源与升压变压器输出测量试验电压，通过内置高稳定度标准电容器和介质损耗测量电路对介质损耗的量值进行测量，由计算机系统控制和运算，对实时采集的测量数据进行矢量运算，分别测量计算得出标准线路与被试线路之间的电流幅值及其相位的关系，从而得到被测样品的电容量和介质损耗角正切值。

当现场存在较大的干扰，影响测量的结果时，可合理地选取不同的测量方式，可利用移相、倒相法减小干扰的影响，再根据实际情况计算，消除干扰数据得出正确的测量结果。根据被测试品是否接地，可分两种测量方式，即正接线测量方式和反接线测量方式，测量原理如图 2-9 所示。

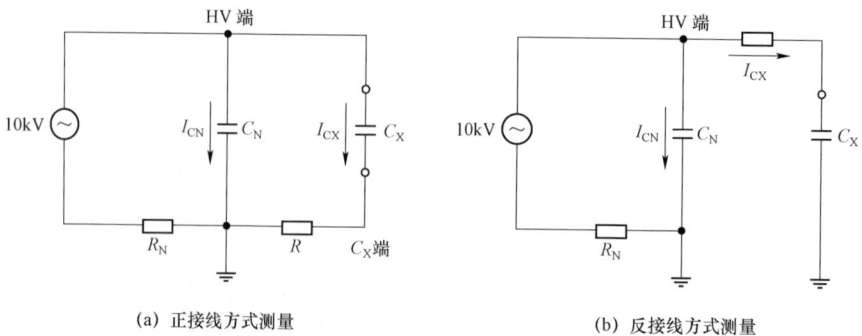

(a) 正接线方式测量　　　　　　　　　(b) 反接线方式测量

图 2-9 高压介质损耗测量仪的测量原理

随着国内外学者对容性设备介质损耗监测数字技术的不断研究与探讨，该技术迅速发展，并已有众多介质损耗监测系统的相关产品投入运行，如图 2-10

所示。国内市场上运用较多的产品有 HVM2000 型系统、SIM2 型系统、CMS100 型系统、GD-8 型系统等。AI-6000 自动抗干扰精密介质损耗测量仪，选择 45/55Hz、55/65Hz 等频率来进行相关的异频测量，可以在高压侧对需要采样的信号直接进行采集，然后将采集得到的数据通过电压互感器隔离传输到低压侧。同样，国外相关产品的研制也多种多样：美国 Doble 公司研制出的 M4000 全自动绝缘测试仪，采用的工作方式是异频测量，高压电流输出的频率为 $50(1\pm5\%)$ Hz，并且集成了高速运行的处理器系统进行快速、智能的分析，并给出相关测量结果。

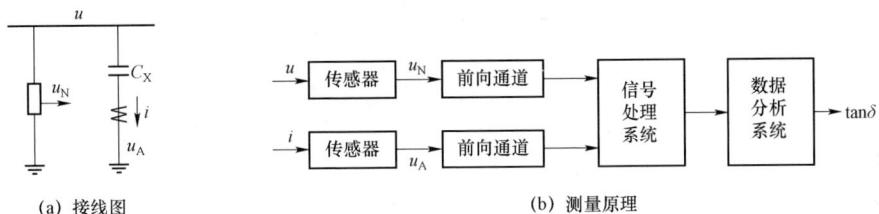

图 2-10　介质损耗的数字化测量原理图

随着高压设备电介质损耗的现场测量在电力系统中的广泛应用，以及测量技术的不断提高，更快捷、更高效、更人性化等测量功能的设计和应用，高压介质损耗测量仪的准确性和可靠性等计量性能更需得到保证，这关系到高压用电设备的安全运行、人们生命和财产的安全，因此对高压介质损耗测量仪的溯源校准，对有效保障计量性能的准确度具有重要意义。本书先做高压介质损耗测量仪的功能特性、内部结构和工作原理的分析，再进一步研究测量仪的量值溯源校准的方法及其测量结果不确定度的评定，为此类仪器仪表的溯源校准提供参考。

四、案例中的技术方法

1. 测量介损时常用的抗干扰方法

对于高压电缆局部放电与介质损耗的检测诊断技术研究而言，现有研究的不足主要体现在对于干扰信号的过滤较难，高压电缆介质损耗检测精度低，测试结果受到泄漏电流分离困难、电压信号难以获取、传感器角差、电压和电流信号的同步、环境温度和湿度及信号处理方法不当的影响。

介质损耗测量受到的主要干扰是感应电场产生的工频电流。无论何种测量方式，它都会进入桥体，在实际中的干扰情况如图 2-11 所示。

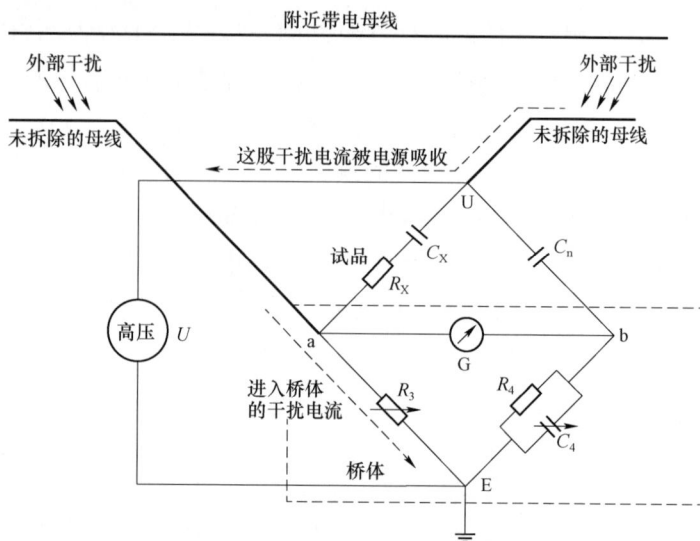

图 2-11　介质损耗测量时的干扰

一般介质损耗仪都能抗磁场干扰，因为内部的升压变压器就是一个强烈的磁场干扰源，抗干扰的方法主要有倒相法和移相法两种。

（1）倒相法。测量一次介质损耗角，然后将试验电源倒相 180° 再测量一次，然后取平均值，如图 2-12 所示。

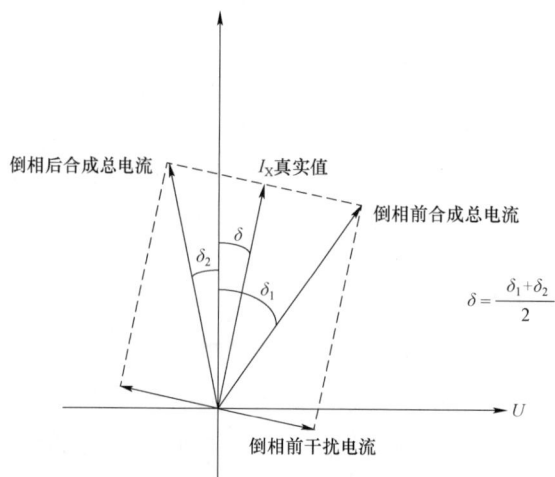

$$\delta = \frac{\delta_1 + \delta_2}{2}$$

图 2-12　倒相法

倒相法是抗干扰最简单的方法，也是效果最差的方法。因为两次测量之间干扰电流或试品电流的幅度会发生波动，会引起明显误差。一般干扰电流不超过试验电流 2%时，这种方法是很有效的。

（2）移相法。移相法的其中一种方法是采用大功率移相电源，调整试验高压的相位，使试品电流与干扰电流的方向相同或相反，这样干扰电流影响减小，再配合倒相测量，能大大提高测量精度。另一种方法是采用小功率移相电源，从 R_3 桥臂上抵消干扰电流，再配合倒相测量，能大大提高测量精度。移相法如图 2-13 所示。

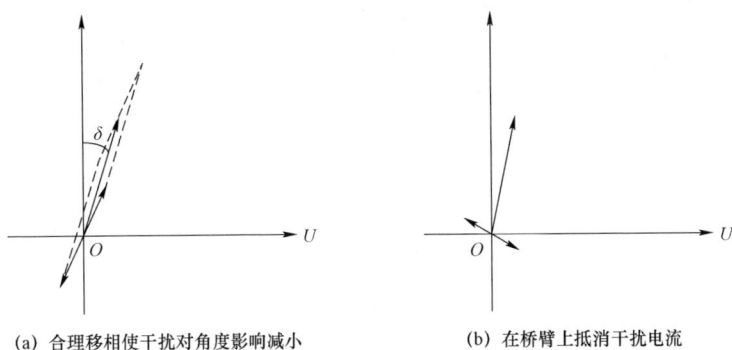

(a) 合理移相使干扰对角度影响减小　　　(b) 在桥臂上抵消干扰电流

图 2-13　移相法

通常在升压之前先检测干扰电流的大小和方向，然后调整移相电源。由于测量过程中无法再了解干扰的信息，因此测量过程中干扰或电源发生相位波动，仍会引起明显误差。一般干扰电流不超过试验电流 20%时，移相法是很有效的。

任何有介质损耗的电容器都可以模拟成 RC 串联和并联两种理想模型。

第一种是并联模型。

认为损耗是与电容并联的电阻产生的。这种情况下 R、C 两端电压相等：

有功功率为

$$P = \frac{U^2}{R}$$

无功功率为

$$Q = \frac{U^2}{1/\omega C} = \omega C U^2$$

因此

$$\tan\delta = \frac{P}{Q} = \frac{1}{\omega RC}$$

其中 $\omega = 2\pi f$，f 为电源频率。可见，如果真正用一个纯电阻和一个纯电容模拟介质损耗，则它与频率成反比。当 $R=\infty$ 时，没有有功功率，介质损耗为零。

这种方法常用于试验室模拟 10%以上的大介质损耗，或用于制作标准介质损耗器。

第二种模型是串联模型。

认为损耗是与电容串联的电阻产生的。这种情况电路的电流相等：

有功功率为

$$P = I^2 R$$

无功功率为

$$Q = \frac{I^2}{\omega C}$$

因此

$$\tan\delta = \frac{P}{Q} = \omega RC$$

由上分析可知，串联模型 $\tan\delta = 2\pi fRC$，并联模型 $\tan\delta = 1/(2\pi fRC)$，$R$ 和 C 基本不变，f 是变化量。把 45、50、55Hz 分别代入公式，可看到 $\tan\delta$ 值分别随频率 f 成正比和反比。f 对完全正比和完全反比两种模型影响较大。但实际电容器是多种模型交织的混合模型，此时 f 的影响就小。

（3）变频法。实际电容试品在一个固定频率下，既可以用串联模型也可以用并联模型表示。两个电路对外呈现的特性完全一样。通常认为并联模型更接近实际情况，这是因为有功电流穿过电极之间的绝缘层，更像是损耗电阻并联在电极之间，而电极本身电阻为零，没有损耗。实际上当介质损耗在 10%以下时，这种电容量的差别是很小的。

在现场测量中，使用传统仪器在干扰严重的现场环境下测量介质损耗，采用移相、倒相法反复测量，仍无法使电桥平衡。随着电压等级提高，干扰越来越严重。这种情况下变频测量是一个很好的，甚至是唯一的选择。变频测量的抗干扰能力比移相、倒相法提高一个数量级以上。这好比两个电台在同一个频率上，很难将另一个信号抑制掉，但如果两个电台的频率不同，则很容易区分。

干扰十分严重时，变频测量能得到准确可靠的结果。例如用 55Hz 测量时，测量系统只允许 55Hz 信号通过，50Hz 干扰信号被有效抑制，原因在于测量系统很容易区别不同频率，由下述案例可以说明变频测量的效果：

当两个频率相差 1 倍的正弦波叠加到一起时，高频的是干扰信号，幅度为低频的 10 倍。

输出信号 $Y = 1.234\sin(x + 5.678°) + 12.34\sin(2x + 87.65°)$。

在 $x = 0°/90°/180°/270°$ 得到 4 个测量值 $Y_0 = 12.4517$，$Y_1 = -11.1017$，$Y_2 = 12.2075$，$Y_3 = -13.5576$。

计算 $A = Y_1 - Y_3 = 2.4559$，$B = Y_0 - Y_2 = 0.2442$，则

$$\varphi = \arctan\frac{B}{A} = 5.678°,\ U = \sqrt{A^2 + B^2} = 1.234$$

这刚好是低频部分的相位和幅度，干扰被完全抑制。实际波形的测量点多达数万，计算量很大，结果反映了波形的整体特征。

变频测量时，仪器需要知道的唯一信息是干扰频率。因为仪器供电频率就是干扰频率，整个电网的频率是一样的。仪器在测量中可以动态实时跟踪干扰频率，将数字滤波器的吸收点时刻调整到干扰频率上。而干扰信号的幅值和相位变化对这种测量是没有影响的。图 2-14 表示的是在采用 55Hz 测量时的变频测量可将 50Hz 的干扰抑制到万分之一以下。

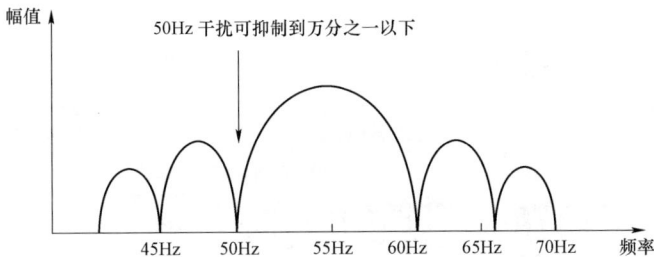

图 2-14　采用 55Hz 测量时的数字滤波特性

介质损耗相对测量法一般是指测量同相电缆泄漏电流的相位差以获得相对介质损耗角。相对介质损耗角正切值计算公式见式（2-35），其中 δ_i 和 δ_k 分别为同一相电缆的两处介质损耗角。

$$\tan\delta_{ik} = \tan(\delta_i - \delta_k) = \frac{\tan\delta_i - \tan\delta_k}{1 + \tan\delta_i \tan\delta_k} \tag{2-35}$$

近年来有不少研究学者提出把介质损耗相对测量法应用于高压电缆介质损耗在线监测与带电检测中。英国格拉斯哥卡里多尼亚大学基于矢量差法成功分离泄漏电流并利用相对介质损耗对交叉互联交联聚乙烯电缆进行监测。该方法成功分离了泄漏电流，利用相对介质损耗变化评估电缆老化状态。南方电网科学研究院基于相对测量法对长距离三相电力电缆绝缘进行介质损耗检测，提出

了参考电压应选择为两端电压中点并提出可以采用全球定位系统(GPS)对电压、电流信号进行同步处理。该方法解决了泄漏电流分离及参考电压的选取，但是该方法是基于理想情况下进行的数学推导，没有考虑工业实际中的多种干扰因素。重庆大学提出基于交叉互联电缆系统电力扰动获得绝缘导纳频谱曲线，在接地线和交叉互联箱上引接线上安装电流互感器获得泄漏电流。高压电缆相对测量法避免了从 TV 上取电压信号所造成的误差，但是由于相对介损值数量级最小可达到 10^{-5}rad，假设泄漏电流采样时间超过 1μs，那么产生的测量误差为 10^{-2}数量级，从而导致绝缘状态判断错误。因此数据采样的同步问题是高压电缆相对测量法的关键问题。另外，高压电缆介质相对测量法还受电磁环境、传感器测量误差的影响，需要对其精度进行提升。

2. 新型高压电缆介质损耗检测系统的原理

高压电缆介质损耗检测系统原理如图 2-15 所示，高压电缆介质损耗检测新型平台包括高压三相电缆、GIS 室、电流电压测量单元及 GPS 卫星系统。

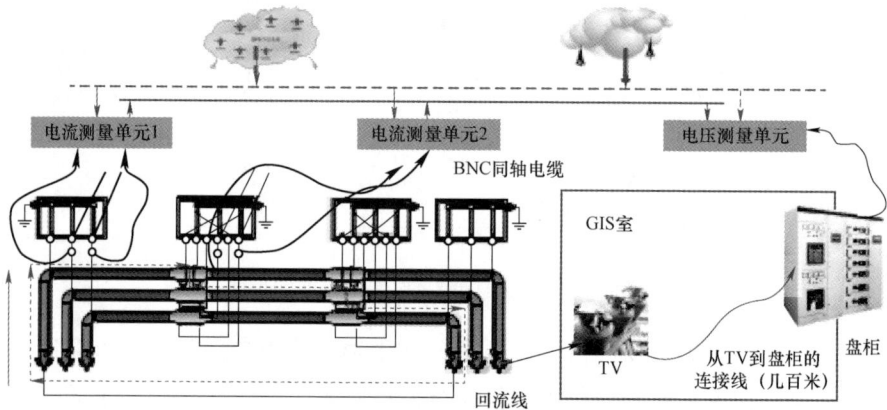

图 2-15　高压电缆介质损耗检测系统原理

高压电缆介质损耗带电检测是通过在三相电缆接地箱上安装电流传感器，在与电缆相接不远处的盘柜上安装电压传感器获得电压、电流信号，从而将电压、电流信号传入测量单元并通过 GPS 与无线通信保证信号同步，得到介质损耗测量值。图 2-15 中标识了三相电缆中泄漏电流与环流经回流线所形成的闭环流向、电压和电流传感器的安装位置、三相电缆上的护层环流以及如何通过 GPS 实现电压、电流信号的同步。

高压电缆介质损耗检测平台受电磁环境和传感器测量误差等影响，需要提

升其检测结果的精度,改进措施有以下几点:

(1)利用新型传感器提高传感器测量精度。介质损耗带电检测通常采用的传感器为磁耦合传感器,测量精度受激励电流、二次负荷、线圈匝数、磁路长度、铁芯截面及铁芯材料影响。为提升传感器测量精度,可采用新型传感器解决传感器角差所带来的介质损耗测量误差。现有的新型智能传感器包括无源光导波传感器、MEMS 结构的电参量传感器及新型敏感材料传感器。

(2)利用卫星同步技术解决电压、电流信号同步。电压、电流信号的同步是介质损耗测量的必要条件,也是提升介质损耗测量精度的有效手段。目前,保障电压、电流信号同步的有效手段有硬件同步和算法同步两方面。硬件同步包含设计自适应校正误差系统以及利用北斗卫星系统进行数据采集;算法同步包含设计非同步采用算法、设计准时域同步算法及利用分布式时钟同步算法实现电压、电流信号同步。本章提出利用 GPS 信号实现高压电缆介质损耗测量系统同步,利用 Trimble 公司生产的 Resolution T GPS 模块,利用定时信号对电压、电流信号进行同步,其同步误差小于 $15\mu s$。

(3)利用矢量差法分离泄漏电流。为了有效分离泄漏电流,目前的研究分为两个方面,即直接法和间接法。直接法主要是利用新型传感器或者频域光谱法直接测得泄漏电流;间接法是利用电缆矢量差抵消护层环流,从而分离出泄漏电流。本章利用矢量差法对高压电缆介质损耗泄漏电流进行分离。根据 GB 50217《电力工程电缆设计规范》和 IEEE 标准,交流单芯高压电力电缆金属护层接地方式分为电缆两端直接接地、电缆一端单点直接接地、电缆中央部位单点直接接地和电缆交叉互联接地四种不同的情况。当电缆两端直接接地时,通过对一相电缆接地两端安装 2 个同步电流测量传感器就能计算出该相电缆的泄漏电流。当电缆一端或中央部位单点直接接地时,通过对一相电缆接地一端安装 1 个同步电流测量传感器就能计算出该相电缆的泄漏电流。当电缆交叉互联接地时,根据电缆被划分的单元个数和不同的交叉互联接地箱,安装最多 5 个同步电流测量传感器来计算某段电缆单相的泄漏电流。

(4)利用测距法解决电压信号角差。目前,高压电缆介质损耗带电检测参考电压获取主要有两种手段:一是利用相对测量法,避免参考电压获取的难题;二是通过电缆首端、终端直接获取电压互感器二次侧电压信号。周凯在研究一种电力电缆绝缘在线监测的新方法时指出,在理想情况下,在电缆的首端、终端及中间点获取参考电压,从而得到介质损耗角正切值。该方法没有考虑电压互感器二次侧的远距离传输会带来较大误差。本章提出通过在与 TV 相离不远的盘柜上获取电压信号，并利用测距法对电压信号角差进行补偿，从而提升介质损耗测量精度。若取 500m 110kV 规格为 LGJ－240 的电缆做误差分析，可以得出 500m 电缆所产生的介质损耗误差为 0.063%。随着绝缘劣化，介质损耗角不断增大，从 TV 到盘柜的传输电缆上产生的电压相位偏差对介质损耗角正切值的影响变得越来越小。

（5）利用测温测湿系统解决温度、湿度影响。由于环境温度和湿度会对高压电缆介质损耗测量产生一定的影响，为了提升介质损耗检测精度，目前研究方法分为硬件法和软件法。硬件法主要是在物理系统中加装测温测湿系统，从而对介质损耗测量结果进行补偿；软件法主要是通过提出补偿算法补偿温度、湿度变化所带来的误差。本章采用加装测温测湿系统对测量数据进行补偿和校正。

（6）利用多种干扰抑制方法联合抑制干扰。高压电缆介质损耗测量会耦合到多种干扰，为了提升测量精度，目前大多采用信号处理算法提升介质损耗测量精度。基于小波滤波和跟踪微分器的介质损耗角正切值检测方法，采用小波滤波器消除谐波电压和噪声的影响，去噪能力强。

3. 测试操作方法

基于高压电缆介质损耗测量系统，采用介质损耗测试仪对交联聚乙烯电缆进行测试，对泄漏电流分离效果及参考电压获取效果进行分析。所用介质损耗测试仪内置介质损耗电桥、变频电源、试验变压器和标准电容器以及 GPS 卫星同步系统和无线传输系统。

（1）泄漏电流分离。高压电缆介质损耗检测新型平台利用矢量差法对高压电缆介质损耗泄漏电流进行分离。图 2－16 所示为泄漏电流原理，将电缆转换为简化模型，接线如图 2－16（a）所示。

图 2－16（b）所示为交叉互联回路中的感应电压和环流简化模型，可以看出由于交叉互联系统中两端电缆接地，因此形成护层回路及护层环流。根据简化模型可以得出护层环流的计算公式为

$$I_m = \frac{U_A + U_B + U_C}{z_{ma} + z_{mb} + z_{mc} + R_g} \tag{2-36}$$

图 2－16（c）所示为交叉互联护层回路中的泄漏电流和环流简化模型，设置 I_1 和 I_2 为护层电流，通过电缆简化模型计算得到泄漏电流 I_i 为

$$I_i = I_L + I_R = (I_m + I_R) - (I_m - I_L) = I_2 - I_1 \tag{2-37}$$

（a）接线原理图

（b）感应电压和环流

（c）泄漏电流和环流

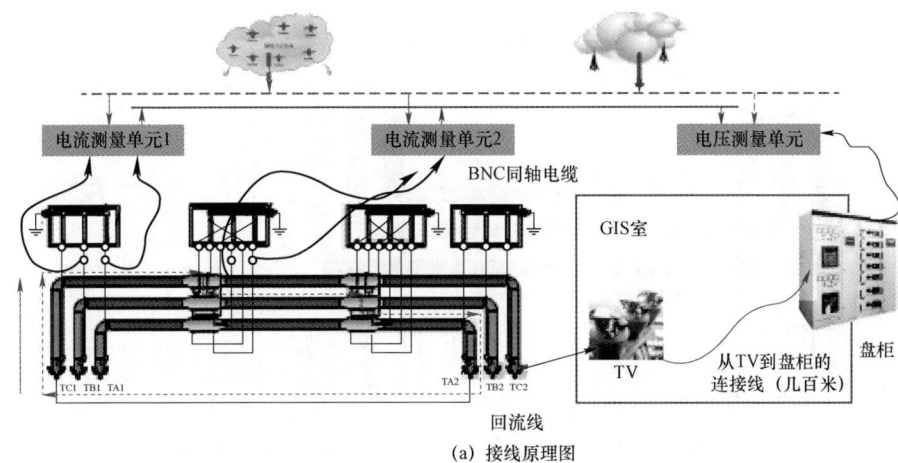

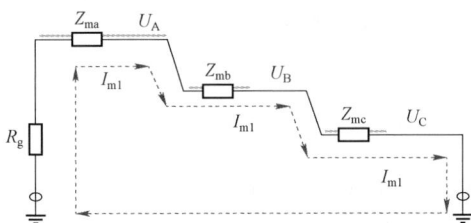

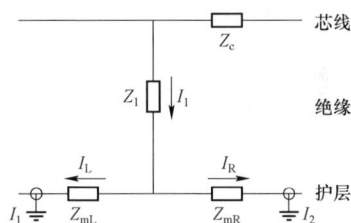

图 2-16　泄漏电流原理

（2）参考电压补偿。高压电缆介质损耗检测新型平台提出通过在与 TV 相离不远的盘柜上获取电压信号，并利用测距法对电压信号角差进行补偿，从而提升介质损耗测量精度。

取不同距离的电压等级为 35kV/110kV 的电缆规格为 LGJ-240 作为仿真标准，查阅 GB/T 11017《额定电压 110kV（$U_m = 126kV$）交联聚乙烯绝缘电力电缆及其附件》及 IEC 60840—2020《为使额定电压大于 30kV（$U_m = 36kV$）小于等于 150kV（$U_m = 170kV$）而采用的挤包型绝缘电力电缆及其附件的试验方法和要求》，见表 2-7。

表 2-7　　　　　　　　电 缆 参 数 数 据

电缆类型	35kV		110kV		电缆长期允许电流
	R（μΩ/km）	X（μH/km）	R（μΩ/km）	X（μH/km）	
LGJ-240	0.13	0.358	0.13	0.388	710A（护层芯线）

根据表 2-7 中的电缆参数数据，计算盘柜与电缆不同距离对电缆介质损耗

参数的影响,其计算流程如图 2－17 所示。

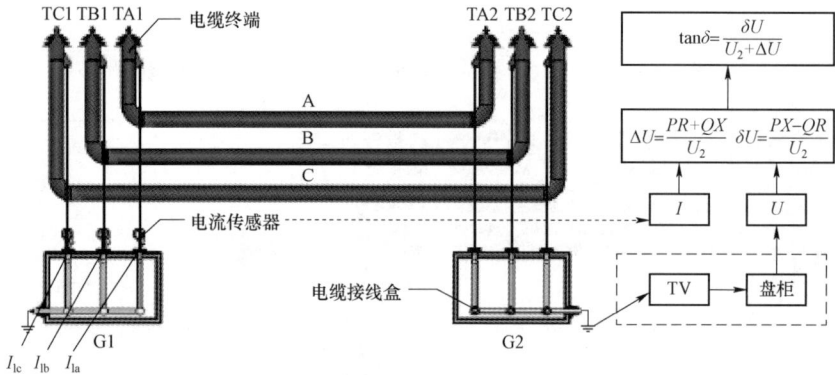

图 2－17　盘柜与电缆不同距离对电缆介质损耗参数的补偿原理

根据原理,将盘柜与电缆之间的距离设置为 1000、500、100、10m,并对参考电缆进行补偿,其补偿结果见表 2－8。

表 2－8　　　　　　　　　不同距离对电缆介质损耗参数的补偿结果

电缆距离	1000m	500m	100m	10m
$\Delta\delta$	35.1854	27.7892	9.2466	1.0598
$\Delta\tan\delta$	0.7315	0.5270	0.1628	0.0185

从表 2－8 中的结果可以得出以下结论:

1)随着机柜和电缆之间距离的增加,介质损耗角正切值误差从 0.0185 增大到 0.7315。

2)当机柜和电缆之间的距离为 10m 时,介质损耗角正切值误差为 0.0185,与介质损耗因子测量的数量级相同。

由于机柜和电缆之间的距离不能改变,并且由于距离引起的介质损耗很大,因此建议使用测量工具来获得机柜和电缆之间的精确距离。

(3)介质损耗测温系统。在电力设备的运行过程中,其所处环境的温度在不断变化过程中,随着运行时间的增长,污秽的附着逐渐增多,这些环境变化因素都会对电缆的介质损耗角正切值检测产生影响。一般情况下,环境的温度会按照四季更迭产生周期性的变化。在电力设备运行与检测中,会有较为适宜的运行温度与湿度。当环境温度适宜时,设备运行稳定,检测结果更为准确,对介质损耗角正切值检测的影响较小。当温度低于或高于适宜温度时,会对设备的运行及检测产生消极影响，介质损耗角正切值的误差相对较大。因此，考虑环境中温度的变化，介质损耗角正切值的误差也会呈现周期性的变化。而污秽的附着会随着设备安装及使用的时间而累积，因此污秽的附着会不断增加，考虑污秽不断增加的影响，介质损耗角正切值的误差会不断增大。

当三相绝缘良好，10s 为周期时，周期末截止时介质损耗角正切值为 0.01554，波动中时间最长为 0.00065s 左右。考虑温度的影响，假设外界环境温度较高，极端情况下 A 相电缆已有轻微受潮趋势，以改变绝缘电阻电容的值等价为环境的改变，将 C_1 段电阻由 179MΩ 变化至 170MΩ，此时一个周期末截止时 A 相的介质损耗角正切值为 0.01576，波动中时间最长为 0.00080s 左右。因此，在不同环境条件下的正切值减小，相对误差为 1.42%。当误差为 1.42% 时，电缆绝缘已经面临出现故障，因此电缆正常运行时，误差值会小于 1.42%。此外，考虑到环境中的温度周期性变化，在四季交替过程中，当环境温度较为适宜时，介质损耗角正切值的误差会呈现更小的数量级。

因此，为了减少温度对介质损耗角正切值误差的影响，基于 LABVIEW 搭建了介质损耗检测温度采集系统，对介质损耗检测时同步进行温度采集，进一步实现介质损耗角正切值的误差补偿。介质损耗检测温度采集系统包含实时显示功能、报警功能、实时存储数据及历史数据回顾的功能。其中，介质损耗检测温度采集系统实时数据显示前面板如图 2-18 所示，其包含温度计、报警灯以及实时曲线显示三部分。介质损耗检测温度采集系统历史数据回顾前面板如图 2-19 所示，包含历史曲线显示以及查询历史数据确定按钮。

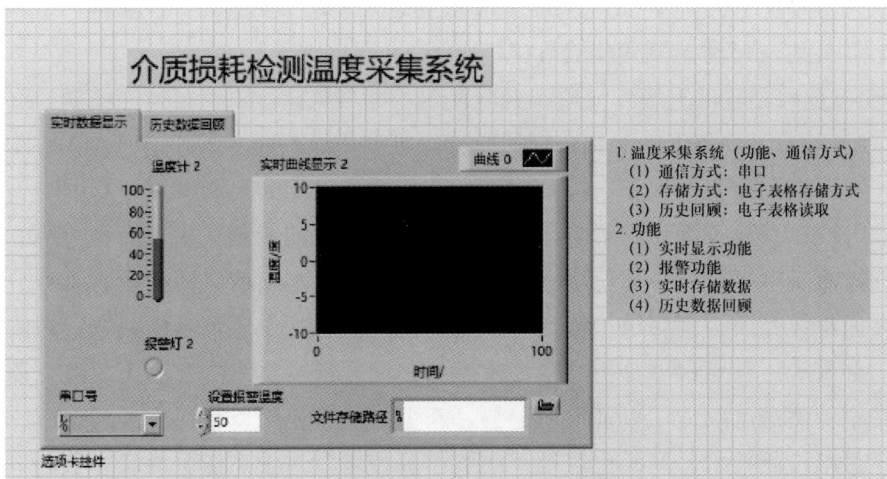

图 2-18　介质损耗检测温度采集系统实时数据显示前面板

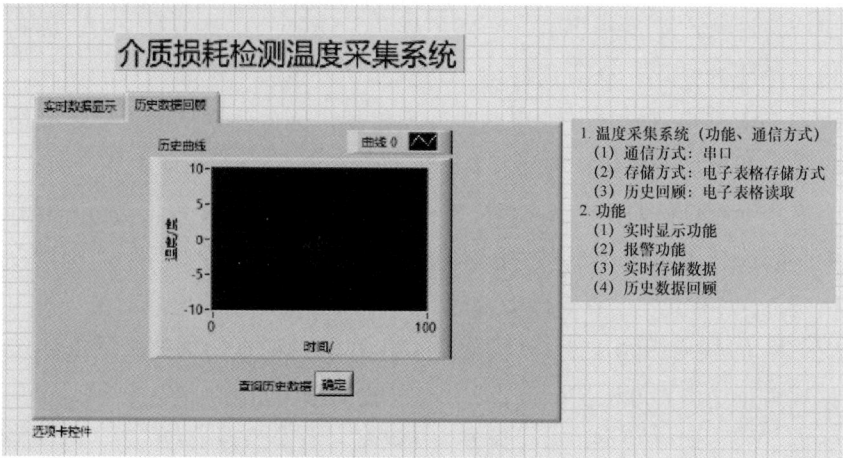

图 2-19　介质损耗检测温度采集系统历史数据回顾前面板

选取不同老化程度的样品，在 30、50、70、90℃下检测，样品随温度以及老化程度的变化规律见表 2-9。

表 2-9　　　　　　　　　　样品随温度以及老化程度的变化规律

老化时间	30℃	50℃	70℃	90℃
老化 40 天	1.259	1.585	2.512	3.981
老化 30 天	0.126	0.316	1.349	1.672
老化 20 天	0.039	0.134	0.158	0.631
老化 10 天	0.025	0.079	0.165	1.251
老化 0 天	0.013	0.019	0.158	0.234

可得到 $\tan\delta$ 随温度变化的规律：

1）随着温度的升高，介质损耗检测值不断增大。

2）随着老化程度的加剧，介质损耗检测数量级不断增加。

高压电缆介质损耗带电检测难度大，测试结果受到泄漏电流分离困难、电压信号难以获取等因素的影响，因此尚未形成系统的检测技术。高压电缆介质损耗检测新型平台在一定程度上解决了介质损耗检测精度低的问题。本章分析了高压电缆介质损耗带电检测误差产生的原因，包括电压信号的获取、泄漏电流的分离等。针对误差分析结果，本章提出结合新兴技术提升高压电缆介质损耗带电检测精度的方法以及发展趋势。新型方法不仅可以运用于高压电缆介质损耗带电检测技术，同时也可用于在线监测技术，对于高压电缆状态检测以及老化评估技术有着参考价值。

第三章 电力电缆的超低频介质损耗测量技术

第一节 超低频介质损耗测量的特点

随着城市的发展，交联聚乙烯（XLPE）电缆因为易于铺设、占地面积小、维护工作量小且具有高工作温度、低介电损耗和高电气强度的特性等优点，自20世纪70年代以来，逐步取代架空线，油纸绝缘电缆和乙丙烯橡胶（EPR）绝缘电缆成为城市输配电系统的主题，且在高压和超高压电缆线路中得到日益广泛的应用。在电缆长期的运行中，绝缘老化问题也日益突出。据统计，近十年期间电力系统输电和配电电缆线路发生的各类故障中，配电电缆线路故障占比高达85%左右。配电电缆线路故障中，电缆附件故障占配电电缆线路故障总数的比重约为83%。

电力配电系统中投资最大的是电缆系统。电缆系统要求具有高度的可靠性和合理的寿命。为了保证电缆系统的可靠性及达到规范和工业标准，必须对其做试验。电缆制造厂家的责任是必须保证生产并提供高质量的产品。他们必须保证和验证产品适用于特定的用途。为了提供符合要求的电缆产品，保证产品的材料质量和对生产过程的控制，制造厂家必须对电缆进行试验。

目前，国内外应用于XLPE电缆的试验方式多种多样，按投、切状态可分为在线试验和离线试验两类；按试验性质可分为破坏性试验和非破坏性试验两类。鉴于XLPE绝缘电力电缆电容量较大，要求试验设备具有很大的电源容量。选择试验项目和试验方法时，要考虑试验的等效性、有效性和可靠性，以及试验场地、试验条件、试验设备的体积和质量以及运输、储存等诸多影响因素。

一、介质损耗角正切值（tanδ）

产生介质损耗的主要原因是绝缘材料在电场作用下，由于介质电导（材料的导电能力）和介质极化（介质在电场作用下，构成电介质的分子或原子的电荷将产生相对的位移，这种位移造成正负电荷中心不再重合，这种现象称为介质极化的滞后效应）而在其内部引起的能量损耗。介质损耗会使绝缘层的温度升高，长期高温导致绝缘层老化加快，绝缘性能降低，为电缆故障埋下安全隐患。介质损耗的大小直接反映电缆绝缘性能的优劣。对于同一电缆，介质损耗越小，绝缘性能就越好，反之亦然。为便于分析，电缆属于容性电路，为了分析介质损耗的原理，通常将绝缘介质看成等效电阻 R 和等效电容 C 的并联电路。

电缆绝缘介质的并联等效电路及相量图如图 3-1 所示。

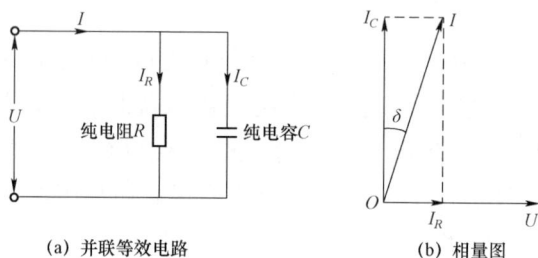

(a) 并联等效电路　　　　　(b) 相量图

图 3-1　电缆绝缘介质的并联等效电路及相量图

（1）电缆绝缘等效模型。正常情况下，XLPE 电缆绝缘的电导率可达 10^{-16}s/m，即

$$R \gg \frac{1}{\omega C} \qquad (3-1)$$

但是当 XLPE 电缆绝缘存在水树老化等局部缺陷时，缺陷处的等效电阻变小，从而不可忽略。图 3-1（a）中，在交流电 U 的作用下，绝缘介质中流过的电流为 I，总电流 I 由流过 R 的有功电流 I_R 和流过 C 的无功电流 I_C 组成。电压 U 与电流 I 之间的夹角 φ 为功率因数角，称功率因数角的余角 δ 为介质损耗角，如图 3-1（b）所示。常用介质损耗角正切值 tanδ 来表示介质损耗的大小，tanδ 是阻性有功功率 P 与无功功率 Q 的比值，即

$$\tan\delta = \frac{P}{Q} = \frac{I_R}{I_C} = \frac{1}{\omega RC} \qquad (3-2)$$

当 XLPE 电缆绝缘存在局部缺陷时，等效电路如图 3−2 所示。

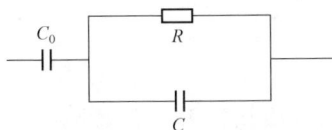

图 3−2 XLPE 电缆绝缘存在局部缺陷的等效电路

令 $h = C/C_0$，则 XLPE 电缆绝缘的整体介质损耗角正切值（$\tan\delta$）变化量为

$$\Delta\tan\delta = \frac{\tan\delta_p}{h+1+h\tan^2\delta_p} \tag{3−3}$$

当 XLPE 电缆绝缘发生整体受潮时，绝缘电阻 R 减小为 R'，电缆整体的 $\tan\delta$ 增量为

$$\Delta\tan\delta = \left(\frac{1}{R'}-\frac{1}{R}\right)\frac{1}{\omega C} \tag{3−4}$$

可见，XLPE 电缆绝缘在无缺陷的情况下，介质损耗角正切值（$\tan\delta$）一般较小；但当出现局部水树老化或整体老化时，介质损耗角正切值变化量 $\Delta\tan\delta$ 可表征 XLPE 电缆绝缘的老化情况。

（2）电缆绝缘的松弛极化模型。在 XLPE 电缆绝缘受潮老化的过程中，电缆绝缘逐渐松弛，绝缘内部产生的水树使内部结构复杂，并且 XLPE 电缆绝缘内部存在着大量多晶材料的晶界或者多层材料的界面，加大了极化效应，目前研究经常采用扩展德拜模型，以不同的 RC 串联支路来表示不同的松弛极化过程，如图 3−3 所示，从而得以计算介质损耗。

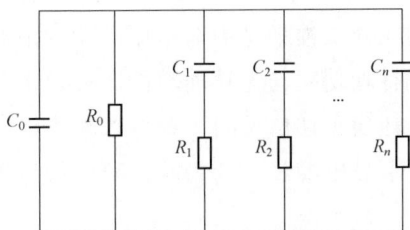

图 3−3 XLPE 电缆绝缘的扩展德拜模型

图 3−3 中，C_0、R_0 分别代表主绝缘未受潮老化部分的等效电容和电阻；R_i、$C_i(i=1,\cdots,n)$ 分别代表受潮老化部分的等效电容和电阻。则由图 3−3 可得 XLPE 电缆绝缘的介质损耗 $\tan\delta$ 表达式为

$$\tan\delta = \frac{\text{Re}\{Y\}}{\text{Im}\{Y\}} = \frac{\dfrac{1}{R_0} + \sum\limits_{i=1}^{n} \dfrac{(\omega R_i C_i)^2}{R_i \cdot [1+(\omega R_i C_i)^2]}}{\omega C_0 + \sum\limits_{i=1}^{n} \dfrac{\omega C_i}{1+(\omega R_i C_i)^2}} \qquad (3-5)$$

为研究松弛极化损耗对介质损耗 $\tan\delta$ 的影响，将 XLPE 电缆绝缘的介质损耗 $\tan\delta$ 分为电导损耗和松弛极化损耗。电导损耗为 $\dfrac{1}{\omega R_0 C_0}$，松弛极化损耗为 $\tan\delta_{\text{relaxation}}$，总损耗为

$$\tan\delta_{\text{overall}}(\omega) = \tan\delta_{\text{relaxation}}(\omega) + \frac{1}{\omega R_0 C_0} \qquad (3-6)$$

曾莼在 Beigert M 的研究基础上进行了电缆的总损耗、电导损耗和松弛极化损耗的计算，发现松弛极化损耗在 0.05～0.1Hz 之间出现峰值，测量效果较好。Putter HT 等也证实，0.1Hz 下的介质损耗检测对电缆绝缘的水树老化极为有效。因此，在目前实际的 XLPE 电缆绝缘介质损耗检测中，超低频 0.1Hz 的介质损耗检测应用较广泛。

$\tan\delta$ 只与材料特性有关，通过测量 $\tan\delta$ 可以发现一系列绝缘缺陷。一般情况下，若电气设备的绝缘良好，则 $\tan\delta$ 不会随电压的变化而变化。但是如果绝缘有缺陷，特别是绝缘内部存在气隙或介质进水潮湿时，$\tan\delta$ 随电压的变化会很明显。随着频率的增加，$\tan\delta$ 减少。

在工频电压下，XLPE 电缆的绝缘电阻很高，可达到 $10^{14}\sim10^{15}\Omega \cdot m$，即 $\tan\delta$ 非常小，这使得它在工频电压下难以精确测量。因此，考虑降低测量频率，较低频率下的测量有助于提高测量精度和灵敏度。一些国内外研究表明，在 0.1Hz 频率下检测绝缘缺陷更有参考价值。容性电流与电压相位差 90°，产生的是无功功率，无功率损耗，因此介质损耗是由与电压同相的泄漏电流产生的，介质损耗角正切值也可表示成有功功率与无功功率的比值。由于无功功率与电缆的体积成正比，所以介质损耗角正切值反映了单位体积电缆的绝缘情况，截面积固定的电缆介质损耗情况不受电缆长度的影响，可以很好地作为评判电缆绝缘水平的重要依据。

目前，国内外广泛应用 0.1Hz 电源给电缆分别施加 0.5、1.0 倍和 1.5 倍的额定相电压 U_0，在每个电压下多次测量介质损耗角正切值，求得平均值和标准差。用相应的三个指标对电缆介质损耗水平进行评判，这三个指标分别是 $1.0U_0$ 下介质损耗标准偏差、$1.5U_0$ 与 $0.5U_0$ 下介质损耗平均值之差和 $1.0U_0$ 下介质损耗平均

值。根据三个指标设置了健康级、关注级和检修级三个级别，只有电缆每一相的三个指标均合格才能视为被测电缆介质损耗水平良好，否则取最坏指标所在的级别作为评判结论。

物理参数是绝缘介质较为重要的评判指标，当绝缘介质发生老化状态时，物理参数发生变化，多为介质损耗角正切值，就可以对绝缘介质在高电压设备出现的不良情况进行初步检测。与此同时，绝缘介质发生异常，电流就会随之增大，而导致绝缘介质的损耗角正切值也随之增大，增加了损坏面积。但是，绝缘介质异常情况较为集中，检测效果不够明显。采取检测绝缘介质物理参数判断高电压设备绝缘状态存在局限性，应根据检测情况和设备实际情况酌情采用。

介质损耗是反映电缆老化特性的重要指标，但当电缆发生较为严重的局部劣化时，会使测量得到的介质损耗角正切值增大，使介质损耗难以准确反映整条电缆的老化、劣化情况。因此在采用介质损耗评判整条电缆的运行情况时，需要保证电缆没有严重的局部劣化。

二、绝缘老化

1. 概述

多年以来，国内外大量学者通过采用多种方法对交联聚乙烯电缆的绝缘老化开展了研究，英国的 P.C.N.Scarpa 等人通过频域介电谱法对交联聚乙烯电缆的老化进行了试验测试和结果分析，对未老化以及进行实验室老化的电缆绝缘建立了低频（LF）、中频（MF）、高频（HF）状态下的等效电路。罗马尼亚的 Mihai Plopeanu 等人开展实验研究了交联聚乙烯电缆绝缘的介电常数 ε_r 和损耗因子与施加电场的频率 f_a 和持续时间 τ 的变化关系，结果表明，随着老化时间或老化频率的增加，介电常数 ε_r 和损耗因子的数值也均增加。印度的 R.Sarathi 和日本的 N.Yoshmura 等人分别研究了在交流电和交－直流复合电压下的电老化对交联聚乙烯电缆绝缘层的击穿特性。西安交通大学的程永红等人利用传统检测法和超宽幅（UWB）局部放电检测法，研究了电老化过程中交联聚乙烯电缆绝缘层的放电特性，结果表明，时域和频域的 UWB 局部放电信号特性在老化过程中都会产生明显的变化，华南理工大学的程博等人对电、热单独应力作用下的电缆绝缘老化寿命模型与加速老化试验原理进行研究，分析了多因素老化的协同作用。

绝缘老化检修技术主要由数据处理技术、通信技术、数据分析技术及数据收集技术等组成。检修过程是利用监测传感器的支持开展数据收集技术，并对数据进行分析和处理，通过系统数据分析技术对所传输的信息和数据进行归纳和分析，在进行对比后过滤，及时分析隐患危险及故障原因，从而实施针对性的维护工作。此类检测技术最为重要的是利用高精度的传感器，以保证数据的准确性，保证运行和监测的安全、稳定和准确。

绝缘寿命是影响设备运行时间和状态的重要因素，不仅可提高设备的使用时间，也会减少不良事故的发生。可通过设计使用年限对发电机、变压器等设备进行查看，通过运行状态对设备的使用年限进行预测，并做好预案，及时排除存在的安全隐患。

2. 水树枝老化介绍

电缆绝缘的树枝老化可分为电树枝老化和水树枝老化，二者可相互转化。在潮气和电场的共同作用下，水树是诱发高压电力电缆破坏的主要原因。自从日本遇到水树这一现象以来，许多文献都涉及这一问题。在交流电场和水分的作用下，水树是聚合物绝缘材料发生降解的一种现象。然而在这种条件下也可以产生电树和聚合物的完全击穿，这依赖于准确的实验条件。

敷设后的 XLPE 电缆可能存在多种缺陷，这些缺陷主要是制造及施工过程中存在的气泡、金属尖刺及刀痕等。水树枝老化是一种电导性老化，一般从内半导电层、屏蔽层与绝缘层界面上引发出来。Abderrazzaq 等用显微镜对水树的引发和发展过程进行了详细观察。对结果进行分析得到，水树枝在电缆绝缘中的生长历程可分为三个时期：第一时期是水分侵入绝缘层表面但是未形成水树；第二时期绝缘层缺陷处引发形成水树枝；第三时期水树枝逐渐发展生长到绝缘击穿。

Tanaka 等人解释其发展机理如下：由于 XLPE 电缆绝缘破损、受潮、局部缺陷等原因，液体导电物质（水或绝缘制造过程中残留的某些电解质溶液）浸入 XLPE 电缆绝缘层，当环境中的水分侵入电缆时，在电缆的复合界面，如电缆绝缘层与屏蔽层之间形成水膜，从而造成了电场强度的分布不均匀性，而绝缘材料的分子链之间会存在一定数量的自由体积空穴，由于水分子是极性分子，因此在电场作用下通过绝缘材料的非晶区侵入到内部的自由体积中；随着充水孔穴的增多与体积的变大，部分孔穴汇聚在一起，水珠在电场的作用下发生形变，沿着电场的方向由球状变成椭球状，并且彼此之间产生细丝状通道而连接，在这一形变的过程中，水珠会挤压绝缘材料，当挤压力超过绝缘材料分子所能承受的力时，会引起化学键的形状改变或断裂，从而导致绝缘材料内部被破坏，水分由此浸入更多，逐渐形成水树。

在阴暗潮湿的外部环境中，水和电场的共同作用使得水树枝在数年内生长到 1mm 左右。在交联聚乙烯电缆绝缘中，根据水树的产生位置，可分为发散性水树和领结形水树，发散性水树经常发生在半导电层和绝缘层之间的交界处，主要是因为交界处的凸起不平，引发电场畸变，电场强度较大，容易形成水树。因此，发散性水树是衡量电缆屏蔽层和绝缘层生产质量的重要指标；领结形水树主要产生在绝缘层的内部缺陷处，例如杂质和微孔，可以反映绝缘层的纯净度和生产工艺。

水树枝常呈现绒毛状一片或多片，有扇状、羽毛状、蝴蝶状等形状。水树枝的形成时间非常缓慢，水树通道的形成会导致电缆绝缘内部局部电场强度增强，引发电树枝，最后导致绝缘击穿。伴随电缆绝缘中水树枝不断的生长，早期投入运行的 XLPE 电缆，特别是含水树的（含水树电缆试样具有完全不同于完好 XLPE 电缆的一些独特性能，如水树的整流效应、极性效应、谐波效应、颠倒效应等），正逐渐成为停电事故的原因之一。尤其是当地下较潮湿，土壤盐碱度较大时更为严重。

水树枝生长的影响因子有多种，除了施加电场强度大小、频率、环境温度及水中盐分的浓度等，还与绝缘材料自身的结构有关。有研究表明，当保证其他影响因子不变时，水树枝的长度随着外施电压的大小和时间增加而变长，水树枝的生长速率在外施电压的不同阶段也不相同，Paximadakis 通过研究得到外加电压越大，领结形水树的尺寸越小。通过实验发现，外施电场的频率变高是加快电缆水树老化的关键因素，在其他影响因子不变的情况下，工频下水树长度仅为 6~10kHz 下的 4%~20%。

除此之外，国内外学者也对温度对水树枝生长的影响进行了大量研究，研究发现，环境温度越高，水树枝的生长速率越高，交联聚乙烯电缆绝缘中的微小尺寸水树枝的比例越高。国内西安交通大学郑晓泉团队通过水针电极法实验，观察到水树枝的尺寸随温度的升高总体呈现增大的趋势。

水分是 XLPE 电缆绝缘形成水树的必要条件，中国电科院邓凯进行抗水树 XLPE 电缆的加速受潮老化实验，实验表明 NaCl 溶液对水树枝的形成有明显作用；武汉大学文习山进行水针法加速老化浸泡在 $CuSO_4$ 电解液的 XLPE 电缆试样，发现 $CuSO_4$ 溶液中电缆水树枝老化生长较快。由于水中溶解有 NaCl、$CuSO_4$ 及 $AgNO_3$ 等金属盐时，导电离子较多，会大幅提升水树的生长速率，而去离子水由于缺乏导电离子，故而对水树的生长作用并不明显。

由于水树的存在给 XLPE 电缆的运行带来潜在的危害，主要有：

（1）一般而言，水树的发生数越多，长度越长，电缆的绝缘电阻率有下降的趋势，以及直流泄漏电流增大。

（2）水树发生的概率越大，水树越长，$\tan\delta$ 一般增加。当发生水树的电缆的 $\tan\delta > 5\%$ 时，电缆将无法安全运行。

（3）一般而言，水树变长，交流击穿电压下降。

自从遇到水树这一现象以来人们对水树进行了长期的研究，并开发了相关的检测技术，包括离线检测技术，如恢复电压法、反向吸收电流法等。近些年来，针对含水树 XLPE 电缆的特性（如整流效应、极性效应、谐波效应、超低频响应等），XLPE 电缆水树在线检测技术在理论上得到了发展，在线检测技术包括直流分量法、损耗角正切值（$\tan\delta$）在线检测法、谐波分量法、超低频响应法等。

根据水树的特点，电缆的击穿强度与水树的长度密切相关，当最长水树达绝缘厚度的 60%～80%后，电缆的击穿强度会明显降低。然而，由于水树造成的松弛极化损耗主要发生在水树区域与良好区域间的界面上，由于两者的电介质特性的不同而导致界面极化。因此，水树密度越大，其界面累积电荷量越多，界面极化产生的损耗也越大。由此可见，$\tan\delta$ 与水树密度相关度高。而电缆内部极少量存在的长水树对于 $\tan\delta$ 的增加并不明显，但却导致击穿强度发生明显降低。事实上在当前，这是 XLPE 电缆绝缘老化诊断的难点。

对于 $\tan\delta$ 随时间的稳定性的测量，相关文献给出了测量结果，初次测量前电缆须断开超过 24h，两次测量之间对地放电 10min。初次测量时 $\tan\delta$ 随时间而下降，趋势明显，而后则呈现一定范围的波动，但可认为是稳定的。

这是因为水树老化引起的松弛极化时间长达 150～250s，其极化过程和去极化过程都需要很长的时间。在电缆长时间断开后绝缘内部去极化过程已经完成，此时施加电压测量 $\tan\delta$，初始时刻产生的极化过程是最明显的，而由于极化过程的惯性作用，电压负半周期无法使得去极化过程完成，因此会出现 $\tan\delta$ 随时间下降的现象。而对于未老化的电缆，由于没有水树的存在，绝缘内部的极化和去极化过程可以很快地完成，因而 $\tan\delta$ 不会呈现随时间的不稳定。

研究表明水树老化电缆 0.1Hz 下 $\tan\delta$ 随电缆短接放电时间增加的变化规律，随着电缆短接放电时间的增大，$\tan\delta$ 也逐渐增大。因此在测试超低频 $\tan\delta$ 的过程中，应严格按照统一的测试程序进行。

$\tan\delta$ 随电压增加的变化率则反映水树的非线性特性，对于老化电缆，当施加电压增加时，其介质损耗增加，同时，随着水树长度的增加，非线性度增大。这是由于水树造成的损耗主要是由于水分渗入水树后电导率发生变化所引起的，而随着电压的增加，水分子震动剧烈使得水树导通度逐渐增加引起损耗增大。因而，tanδ 随测试电压增加而增大的变化率能够在一定程度上反映电缆内部的水树长度状况。图 3－4 为 tanδ 变化率与电缆老化程度关联图。

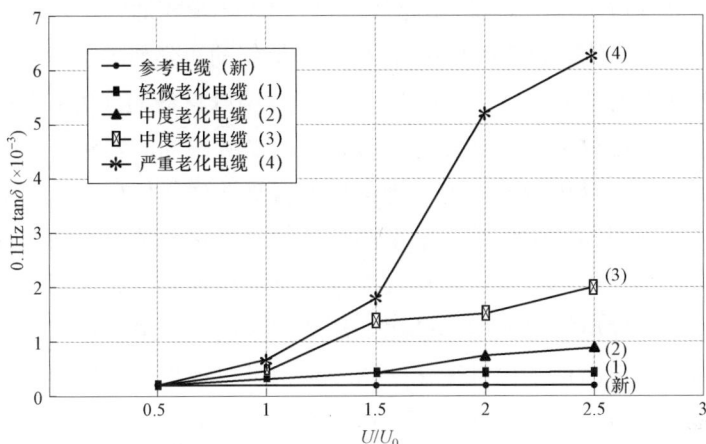

图 3－4   tanδ 变化率与电缆老化程度关联图

在国内外针对超低频 tanδ 测量判断电缆的缺陷状况做了大量研究，具体如下：

（1）同一电压下，随着测量次数的增加，tanδ 发生下降的现象，甚至随着测试电压的增加，tanδ 发生下降的现象，则可认为电缆的中间接头轻微受潮，tanδ 下降是由于在加压过程中水分受热蒸发，导致电缆接头绝缘恢复。

（2）对于运行中的电缆，若其超低频 tanδ 严重偏离正常值，则通常为电缆接头有大量水分浸入的缘故。

（3）当被测电缆接头或电缆终端里没有水时，这些电缆附件将不影响 tanδ 的读数。接头内存在因安装工艺错误等人为缺陷导致的局部放电轻微时，此类缺陷无法通过 tanδ 测量揭示出来。

随着电缆的大量敷设，电缆附件也得到了大量使用。电缆附件主要包括终端接头和中间接头，是电缆系统中最薄弱的部位，在电缆接头制作过程中以及长期高压运行环境下，环境中的水分容易进入附件，使得电缆绝缘性能下降，严重时甚至会导致电缆击穿，从而影响电缆的正常运行。因此，研究 XLPE 电缆的绝缘状态与浸水的关系具有重要意义。

当 XLPE 电缆绝缘发生老化时，会产生水树枝等缺陷，增大了 XLPE 电缆绝缘介质的界面极化效应，导致绝缘介质损耗变大。因此通过检测 XLPE 电缆绝缘的介质损耗，可以准确掌握绝缘的水树老化状况。

3. 热老化

热老化是高电压设备绝缘老化较为常见的一种类型，主要是由于高电压设备在运行中会释放大量的热量，当绝缘材料与高热量相遇时会促使绝缘材料温度升高，从而影响绝缘材料的使用寿命。20 世纪的科学研究实验表明，绝缘材料与温度上升成正比关系，温度每上升 10℃，绝缘材料的使用寿命就会相对应地减少。不同绝缘材料会根据自身材质特征而受到不同的影响，这一理论出自"10℃规则"。通过分析研究发现，绝缘材料自身发生氧化反应是产生热老化的主要原因，并会在不同条件下产生不同程度的热老化现象。电网运行过程中，配电电缆内部出现电能损耗、局部放电等现象，使电缆缆芯产生较大热量，从而造成交联聚乙烯电缆绝缘的热老化。热老化本质上是电缆长期投运过程中绝缘材料的热量累积出现了化学变化，热老化也可以视为一种化学老化。高分子有机材料如交联聚乙烯电缆绝缘等，在长期的热量累积下会产生热降解，导致各项性能的劣化，最终降低绝缘的使用寿命。

还有一种热击穿是电击穿。局部放电是高电压设备绝缘材料具备的一个特点，它可以击穿局部绝缘材料，促使绝缘材料失去工作性能，并在此基础上不断扩大损害范围，导致绝缘材料设备在绝缘功能下降的同时，使用寿命也随之缩短。此外，局部放电现象会导致绝缘材料在空气中发生氧化反应，扩大绝缘材料腐蚀面积后，电导能力也随之增强，形成了热击穿。同时，调查研究表明，形成电击穿现象与绝缘材料存在较大关系，如材料材质可承受局部放电，电老化现象就不易发生。因此，在进行高电压设备绝缘设备选择时，应考虑绝缘材料材质，以提升材料的使用寿命，减少电老化现象发生。

三、现有的介质损耗检测方法介绍

从试验所造成的不良后果来分，试验方法可以分为破坏性试验和非破坏性试验。通过测试电缆的绝缘使缺陷击穿，并用标准电缆故障定位技术确定电缆故障位置，此方法称为破坏性试验。非破坏性试验可以确定缺陷或有缺陷的电缆段的位置而不破坏电缆，从而使电缆可以继续使用直到缺陷被消除。

（1）破坏性试验方法。

1）共振/工频（60Hz）试验；

2）超低频（0.1Hz）余弦－脉冲波形试验；

3）超低频（0.1Hz）正弦波形试验；

4）振荡放电（1～10kHz）试验；

5）直流试验。

（2）非破坏性试验方法。

1）介质损耗角（tanδ）测量；

2）局部放电测量；

3）回流电压测量。

目前，国内外对不同电压等级的电缆及其附件都已展开局部放电在线测试，但在线测试比例仍然相对较低。CIGRE B1.28 对世界各国进行的电缆局部放电在线测试与离线测试比例进行了统计，发现目前进行的低电压电缆在线测试比例非常低，仅占 2.4%；对于高压电缆，在线测试比例也相对较低，约为 10.2%，但相对低压电缆来说，局部放电在线测试的比例已明显提高。在国内，北京、天津、上海、广东等地已逐渐开始对电缆系统进行局部放电在线监测，但比例仍然较低，且全部集中于高压电缆。

在线测试主要是指测试回路连接在电力系统条件下进行的测试，包括带电检测和在线监测。带电检测只进行一段时间，且进行一般的常规测试；而在线监测是在回路正常运行且额定负载情况下进行的局部放电监测，所有连接及安装都是在正常运行条件下进行的，且一般持续时间较长。由于在线测试是在实际运行条件下进行的，因此各相关参数及测量出的结果都是真实可信的。另外，在线测试不需额外施加电源，因此相比离线测试更加经济。但是，在线测试过程中的任何故障或击穿都有可能对电力系统回路造成较大损坏，对人身安全造成威胁。而且，由于在线监测电源电压依赖于系统电压，不能进行电压调节，因此无法实现对局部放电的起始及熄灭电压的观测。现有的电缆绝缘性能在线检测方法主要有直流法、交流叠加法、局部放电法、介质损耗角（tanδ）法等，国内外诸多学者对各种检测方法均开展了相应的研究。日本学者 STAKASHI 等通过叠加直流电压来测量电缆绝缘电阻，并尝试通过电桥配置来提高测量的精度；唐炬等利用局部放电法对高压电缆附件局部放电进行检测分析，并对检测传感器的合理安装位置进行了探讨。然而，现有的在线检测方法存在检测信号微弱、易受干扰、精度不高等缺陷，同时缺乏相关行业标准，还未达到成熟阶段。此外，由于在线测试中的局部放电信号极易被背景噪声和外界电磁干扰噪声淹没，对运行中的 XLPE 电缆及其附件进行局部放电现场检测的难度很大，因此例行测试中多采用离线测试。

离线测试一般是现场对电缆及附件进行的交接试验或预防性检测，主要目的是检查运行系统是否存在潜在隐患缺陷。IEC 60840—2020 对额定电压 30kV 以上挤包型绝缘电力电缆及其附件的出厂试验进行了详细介绍，包括局部放电试验操作及规范要求。标准指出，在例行试验和型式试验中局部放电试验的检测灵敏度应为 10pC 或更好。试验电压应逐渐升至 $1.75U_0$，并保持 10s，然后逐渐降至 $1.5U_0$，且在 $1.5U_0$ 电压下试品应无可检测到的超过申报灵敏度的放电。

近年来，国内外正在研究和已经开发的 XLPE 电缆绝缘相关在线或离线现场检测方法已有十余种，但获得成功应用或大面积推广的仍不多见。主要测试技术方面的问题有两个：一个是现场的强工频电磁干扰、杂散电流干扰、电缆屏蔽接地化学电势及电缆护套绝缘电阻较小所形成的干扰等；二是检测仪器的测量灵敏度和被采样的信号特征限制。如直流法〔分直流成分法和直流叠加法两种，前者以在线检测水树在电缆额定运行电压下由于整流效应所产生的纳安（nA）级直流电流作为绝缘老化的判据；后者利用给运行中的电缆线芯叠加一个几十伏直流电动势的方法，通过检测该电动势在电缆绝缘中产生的纳安（nA）级直流电流进而获知电缆的直流绝缘电阻〕在线检测灵敏度主要受采样电阻不能太小的限制，当电缆护套电阻过小时采用直埋法敷设的 XLPE 电缆的在线检测已难以进行。交流法（主要包括 AC 叠加法、谐波法、tanδ 法、接地线电流法等）走向实用化的最大障碍来自强工频干扰；而局部放电法在现有的检测方法中是受现场强电晕宽频谱放电干扰最严重的一种。

当前对于 XLPE 电缆的检测方法具有代表性的有绝缘电阻测试、交/直流耐压试验、振荡波局部放电检测、工频介质损耗及其他在线监测手段等。

橡塑电缆〔包括聚氯乙烯（PVC）、交联聚乙烯（XLPE）、乙丙烯橡胶（EPR）、聚乙烯（PE）电缆〕在做直流耐压试验时，橡塑电缆绝缘场的电场强度是按绝缘电阻系数成正比分配的，但交流电压运行时电场强度按介电系数成反比分配，且绝缘电阻系数随温度和电场强度变化。同时，交联过程中不可避免地溶入一定量的副产品，导致绝缘层的电阻系数分布不均匀。由于在绝缘层中交、直流电压下电场分布不同，导致的击穿特性也不一致。

实践证明，当直流试验电压加到电缆缺陷上时，缺陷周围就会有空间电荷聚集，空间电荷为同极的电荷，离缺陷越近，电荷密度越高。与无电荷区域相比，缺陷和在缺陷前方紧接区域的电场强度，即电位梯度，如图 3-5 所示，会迅速降低。

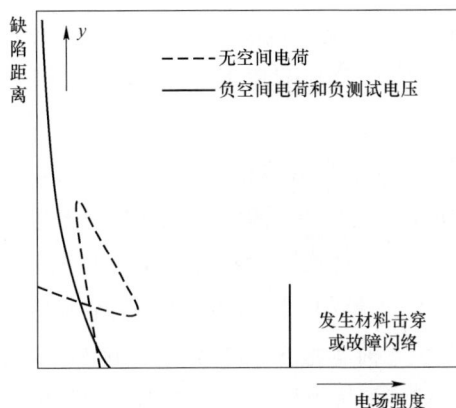

图 3-5　施加负极性电压时的电场强度

空间电荷起到了屏蔽缺陷的作用。为了使缺陷附近发生局部放电或者击穿，需要更高的外加直流电压。

绝缘中缺陷周围的空间电荷由于受到缺陷限制，不能迅速改变。当行波或外加交流电压改变缺陷的极性（相对于空间电荷）时，会产生很高的局部电压梯度。局部的电场强度如此之高，以至于经常超过绝缘材料的击穿电压，如图 3-6 所示。每当电压极性变化时，会发生局部放电并形成新的电树枝。

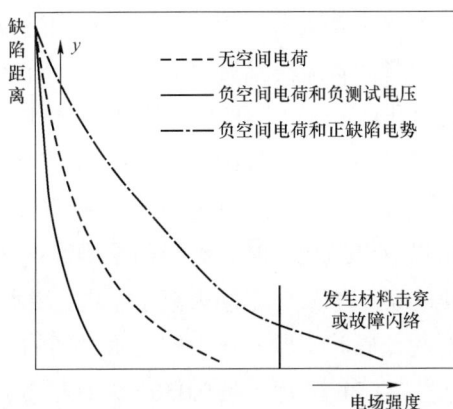

图 3-6　施加正极性电压时的电场强度

并且直流试验在橡塑电缆绝缘内部积累的空间电荷还没散开或发生闪络，所加的交流电压经常对电缆的绝缘造成破坏。这样的试验可能会掩盖电缆的问题并且加剧电缆的缺陷，电缆经常会在试验之后返回使用的几个月中发生故障。直流电压击穿闪络时产生的行波还会对橡塑电缆绝缘造成进一步的伤害。因此直流耐压对橡塑电缆有害，会缩短电缆寿命。因此，国内电力部门除了对刚敷设的 XLPE 电缆进行一次直流高压耐压试验，辅以测量泄漏电流交接试验外，以后大多不再做预防性试验。

1989 年，柏林工业大学高压技术研究所对橡塑电缆，在 $2U_0 \sim 4U_0$ 电压的 $30 \sim 60min$ 内，进行 50Hz 交流谐振试验，只能测出严重的电缆对地的绝缘缺陷。用直流电压试验，即使电缆已存在致命缺陷也不会发生击穿。

研究所又对已运行了 11 年和 12 年的存在水树老化的 PE 和 XLPE 电缆，分别进行了各种电压的试验。前者绝缘损坏厚度占 65%，剩余绝缘厚度 1.4mm；后者已损坏 85%，剩余绝缘厚度 0.8mm。在 50Hz 交流电压下，测得最小击穿电压和局部放电起始电压最敏感；其次是 0.1Hz 余弦方波电压、0.1Hz 正弦电压、振荡波试验电压。但若从放电通道增长速度考虑，0.1Hz 正弦电压最为理想，0.1Hz 余弦方波通道增长速度慢一点。当用 50Hz 交流电压测试增长速度时，在 $2U_0$ 试验电压下增长速度相当慢，但更高的交流电压会让试验较为危险。因为提高试验电压会使不太明显的缺陷转化为局部放电缺陷，而通道增长速度受到频繁放电所产生的气体压力遏制，形成一个高度分支而增长速度较慢的通道。由此可以说明，在 50Hz 交流电压下发现的局部放电起始电压低的故障点，尽管已转为局部放电通道，但这种缺陷不会在试验过程中发展到击穿。

齐伟强、任志刚、徐兴全等人首先用电子天平称取适量 XLPE 电缆料放入模具中，在模具上下两面覆盖聚酯薄膜后，将模具放入硫化机中，在 120℃下预加热 15min，之后将温度升至 175℃，压力增至 $10 \sim 15MPa$，加热 15min。待试样冷却后用无水乙醇擦拭表面。将试样编号后放在 60℃的烘箱内处理 24h，然后取出在干燥的室温环境下贮存。由于电缆实际运行温度受到环境温度及负荷大小等因素的影响，所以取电缆运行时其绝缘的平均温度（约 65℃）进行浸水试验。将新压制的 XLPE 薄片置于 65℃的去离子水中，浸水时间分别为 0、1、3、5、7、9、13h。通过对超低频和工频，在不同浸水时间的 XLPE 薄片 $\tan\delta$ 进行测试，发现对于未浸水的 XLPE 薄片，在 $0.050 \sim 20Hz$，试样的 $\tan\delta$ 随着频率的增加而逐渐减小；在 $20 \sim 2000Hz$，$\tan\delta$ 变化不大；在 $0.05 \sim 2000Hz$，频率的变化对试样相对介电常数的影响不大。这是由于 XLPE 属于非极性高分子聚合物，其在外电场的作用下只有电子位移极化，而极化损耗极小，介质的损耗主要由杂质电导引起。对于浸水的 XLPE 薄片试样，试样的 $\tan\delta(0.1Hz)$ 和 $\tan\delta(50Hz)$ 差别明显，两者均随浸水时间的增加而增大。这是由于试样浸水后，水分子进入试样，导致部分分子结构变化后不再对称，此时除了电子位移极化的损耗外还存在松弛极化造成的损耗。当浸水时间相同时，tanδ（0.1Hz）均大于 tanδ（50Hz），且随着浸水时间的增加，tanδ（0.1Hz）的增加幅度更大，即 tanδ（0.1Hz）随浸水时间的增加变化更显著，这是由于松弛极化在 0.1Hz 下比在 50Hz 下能更充分地建立。除此之外，还发现 XLPE 薄片的相对介电常数随着浸水时间的增加而增大，进一步比较干燥 XLPE 试样及浸水试样的红外光谱，发现浸水后 XLPE 结构中部分亚甲基的 H—C—H 基团变为 H—C—OH 基团，有水分以结构水的形式存在于浸水后的试样中，并且随着浸水时间的增加，试样中的 C—OH 键及 C—H 键数量增加，亚甲基数量减少。

基于介电响应原理的极化/去极化电流（PDC）法，因其简便、快速的测试流程，被广泛应用于变压器、电缆等设备上。国内外学者对 PDC 法的应用进行了大量研究。WSZAENGL 从公式上推导了 PDC 法从时域电流获取频域介质损耗角正切值的可行性。AASHAYEGANI 等采用 Hamon 近似和多项式拟合了油纸绝缘的极化/去极化电流，并考察了不同测试电压、测试时间下的介质损耗角正切值变化规律。汪进锋等从硬件和软件设计两方面对电缆的 PDC 测试技术进行了探究。王世强等分析了 PDC 法获取样本低频介质损耗的可行性，并与频域介电谱法测试结果相比较，发现两者具有较好的等效性。另有学者利用极化/去极化电流法研究了不同老化程度的电缆，从电导率、等温松弛电流等多角度评估了电缆的绝缘状态。

四、0.1Hz 超低频介质损耗检测的优点

（1）电缆的介质损耗包括电导损耗、极化损耗和局部放电损耗等。研究表明，松弛极化引起的损耗反映了电缆的受潮老化特性。绝缘老化电缆和新电缆的 tanδ 在 50Hz 下无明显变化，随着频率的降低，两者的差别会越来越明显，这表明低频下可以更好地检测到电缆的老化。测试频率在 0.05～10Hz 时，介质损耗的非线性特征十分明显，而频率下降到 0.1Hz 时，因电导引起的损耗开始下降，松弛极化引起的损耗则达到了峰值，这对发现水树老化极为有效，如图 1-9 所示。

（2）一般地，检测变压器、油纸套管、XLPE 电缆等设备内部的绝缘老化程度会用频域介电谱法，而传统频域频谱法（FDS 法）的测试频率通常在 0.1Hz 以上。0.1Hz 超低频介质损耗测量主要在 20 世纪 90 年代初在国外开始发展应用，具有指标敏感、试验电源容量低、设备小巧等特点，可以有效降低设备容量，并且不存在空间电荷的注入与抽出问题。通过介质损耗绝对值、介质损耗暂

态稳定性、介质损耗变化率等技术参数，可以灵敏地对电缆受潮、水树老化等缺陷进行识别。

（3）未老化的 XLPE 电缆的介电常数与频率无关，但是如果绝缘层中出现水树枝，电缆介电常数就会发生一定的变化。研究表明，水树枝的极化损耗在低频检测下将会出现，在工频电压测量介质损耗时，水树中的极性组不活跃，导致水树劣化引起的绝缘损耗在工频电压下并不明显，而 0.1Hz 超低频能较好地反映水树退化引起的极化损失。但是在一定的频率下，很难量化水树劣化过程中的绝缘极化损耗。于是决定在同一频率、不同电压（$0.5U_0$、$1.0U_0$、$1.5U_0$）下进行检测，并通过水树的非线性特性差异来评价水树劣化的发展。

（4）水树枝独特的物理化学结构构成了其独特的介电响应，含水树枝的 XLPE 电缆的绝缘电阻具有非线性特征，必然导致其漏导响应电流的波形畸变，产生有别于完好电缆的非线性漏导电流波形。因此，漏导电流波形畸变程度也是判别 XLPE 电缆绝缘水树老化程度的鲜明标志之一。但在工频及以上频率检测非线性电流时，长电缆的较大电容电流对测量会有影响，以及测试设备容量较大，现场检测推广中难度较大。但在超低频电压下的非线性响应电流判别 XLPE 电缆老化程度不仅设备体积小，由于这种非线性特性会出现在较低的超低频电压下，使得现场检测更易实现，且抗干扰能力也较强。

（5）被试电缆不会造成损坏，特别是正在运行的开始老化但还可以使用的电缆，因为它是无损坏的耐压试验方式。

（6）试验设备容量及质量显著减少。众所周知，对于容性设备，其试验设备容量为 $S = 2\pi f C U^2$，即试验容量与电源容量成正比，超低频 0.1Hz 时，所需容量仅为 50Hz 的 1/500。以一根 2km 长的电压 8.7/10kV 电缆为例，如果最小试验电压取 $2U_0 = 17.4$kV，对地电容以 0.4μF/km 计算，则 50Hz 下所需功率为 76kVA，而超低频 0.1Hz 仅需要容量为 0.15kVA。

（7）故障发现率提高。新的交联电缆在不同频率的试验电源下的击穿电压随电源频率的上升而下降；老化的交联电缆击穿电压随试验电源的频率降低而略有下降。

五、超低频研究现状

超低频检测设备多年来一直用于检测大型旋转电机，如大型水轮发电机等。

为了拓展介电响应测试技术应用领域，提升测试准确度和减小测试时长，国内外学者研制了一系列基于 FDS 测试原理的方法和测试设备，包括 0.1Hz 超低频介质损耗检测技术、PDC 法、Dirana 介电响应仪和 IDAX-300 介电响应测试仪等。

1. 0.1Hz 超低频介质损耗检测技术

0.1Hz 超低频介质损耗检测技术在欧洲及东南亚部分国家有一定的应用，主要用于诊断交联 XLPE 电缆的整体绝缘老化、受潮及水树枝劣化情况。在 IEEE 400.2—2013《超低频（VLF）条件下（低于 1Hz）使用的铠装电力电缆系统实地测试用指南》中提出了基于 0.1Hz 超低频介质损耗随时间稳定性（VLF-TD Stability）、介质损耗变化率（DTD）、介质损耗平均值（VLF-TD）三个评价指标的绝缘老化判据，并相应制定了三个等级的检修策略。研究表明不同老化状态的电缆及其在不同电压下的超低频 0.1Hz 介质损耗随着老化程度的加深，VLF-TD 明显提高；新电缆的介质损耗与电压的相关性很小，而严重老化电缆的介质损耗对电压依赖性很高，即 DTD 越大，老化程度越深，综合 VLF-TD 平均值和 DTD 可以判断电缆绝缘的老化状态。水树总密度的增加，会导致 DTD 的上升，水树总密度与 DTD 的相关性强，相关系数达 0.926。

2. 时-频域介电谱转化检测

超低频介电谱的测试非常耗时，研究者们尝试采用时域介电谱极化/去极化（PDC）电流法进行转换，从而得到超低频介质损耗数据。目前常用的方法是利用扩展德拜模型（ED 模型）作为时-频域转换的桥梁，将时域 PDC 数据拟合计算德拜模型中的未知参数，并利用该模型进行仿真从而求出测试绝缘的频域介电响应。但是，无论是基于 ED 模型还是利用傅里叶变换的时-频域转换，均将绝缘系统视为线性模型，而当绝缘系统水分含量高，老化严重或者掺入了非线性电介质等情况时，绝缘系统将表现出非线性特性，以上两种方法将不再适用。因此，需要考虑绝缘系统在不同状态或测试环境下表现出的线性/非线性特性。

3. 超低频介电谱测试

常用的 FDS 法最大的缺陷在于超低频下（<0.1Hz）测量时间过长，极大地限制了该方法的应用。例如，以单个频率信号采样一个周期，完成频率点 0.1Hz 的测试需耗时 2.8h，而频率范围的介电谱测量耗时更长。若每十倍频取 6 个频率点，完成 0.1Hz～1kHz 频率范围内的测试就需耗时约 9h。因此对常规测试技术进行改进，缩短频域介电谱的测试时间以满足现场测试需求是该领域研究的热点和难点。频域介电响应测试方法从激励波形上可分为两大类：第一类是

以标准正弦波为激励电压的常规测试方法；第二类是非正弦激励方法（通过快速傅里叶变换等谐波分析手段的新型测试方法）。这两类方法在频域介电谱参数的计算中并无本质差别，都是基于标准正弦波的频域介电响应分析算法。

目前，国内外常用的超低频介电谱测试仪主要是瑞典 Omicron 公司的 Dirana 介电响应仪和奥地利 Megger 公司的 IDAX-300 介电响应测试仪。前者采用 FDS+PDC 模式进行频域介电谱的测试，后者采用在频率低于 1Hz 时选择三频叠加模式进行测试以缩短低频测试时间。即在高频采用 FDS 方式测量，在低频时采用 PDC 模式（Dirana）和三频叠加模式（IDAX-300）进行测量。但时域的极化/去极化电流极易受到现场测试环境的干扰，从而影响测试结果的准确性。同时，采用多频正弦信号激励的 FDS 测试方法，均没有考虑激励波形参数优化问题，使其只适用于电容量较大的测量对象，且要求周围环境干扰较小。

总的来说，超低频介质损耗检测技术是国内外研究的热点，但在 XLPE 电缆方面的应用还存在如下问题：

（1）国内所使用的超低频介质损耗检测设备主要依赖进口。

（2）应用于 XLPE 电缆绝缘材料的超低频介质损耗检测主要依赖扩展德拜模型进行时域（PDC）频域线性转换，抗干扰能力差，进行德拜模型转换时没有考虑电缆绝缘材料在不同电压下的非线性特性，测量误差大。

（3）快速超低频介质损耗检测技术主要应用于变压器等其他设备，在电缆方面的检测应用还没有数据积累。

由于传统时域 PDC 测试时，所测得极化/去极化电流极其微弱，测量过程极易受到现场环境和中性点接地方式的影响，抗干扰能力较差，当外界电磁干扰强时，无法直接获得 PDC 数据。即使获得有效的 PDC 数据，通常还要采用时-频域转换方法，将测试得到的 PDC 数据转换为 FDS 数据进行后续评估。但已有的转换方法均未考虑绝缘系统在一定条件下可能存在的非线性特性，导致转化后的 FDS 结果误差较大。另外，PDC 测试所用的直流试验电压对电缆同样可能造成损伤。目前，该方法多在实验室研究阶段，尚未推广应用。

六、超低频介质损耗测量方法及设备

（1）超低频介质损耗测量。超低频（ULF）介质损耗测量可以使用正弦波和余弦方波两种波形，两种各有利弊。余弦方波的优点是兼有直流和交流的特点，当极性发生变化时，利用谐振原理可以实现能量的循环利用，功耗低，但是余弦方波需要较复杂的数据处理，才能得到介质损耗值；正弦波形的优点是兼容电网波形，测量介质损耗值同时激发电缆局部放电，而频率为工频的 1/50，相对于工频电压的试验，对试品的伤害较小。但研究表明，余弦方波通过哈蒙近似法得到的介质损耗值与正弦波测量的结果有非常好的一致性。所以正弦波和余弦方波两种方法对电缆绝缘老化的状态检测几乎没有差别，但余弦方波最高试验电压较低。

德国开展的 0.1Hz 正弦方波下电缆介质损耗测量研究结论，在 0.1Hz 下：

1）新的 XLPE 电缆的 tanδ 测量值不超过 0.002。

2）正常老化电缆的 tanδ 测量值在 0.002～0.0039 内，tanδ 超过 0.004 的电缆若继续运行，出现事故的概率较大且频繁。

3）在大多数情况下，0.1Hz 下的 tanδ 随电压的升高而增大，可作为水树枝引起损伤的可能量度。

4）0.1Hz 下的 tanδ 和电缆的水树老化缺陷十分密切，但和绝缘含水量关系不大。

（2）正弦电压发生器。图 3-7 为 0.1Hz 超低频电压发生器原理图。工频电源先整流为稳定的直流电压，通过逆变电路转换成 0.1Hz 的高频电压。由 0.1Hz 正弦振荡器将 1kHz 高频电压调幅处理成 0.1Hz 的调幅波。利用两台高压变压器和电压倍增电路产生正和负的按 0.1Hz 正弦波变化的高电压。用压敏电阻器 VDR1、VDR2 和电容器 C 进行解调，输出 0.1Hz 试验用高电压。

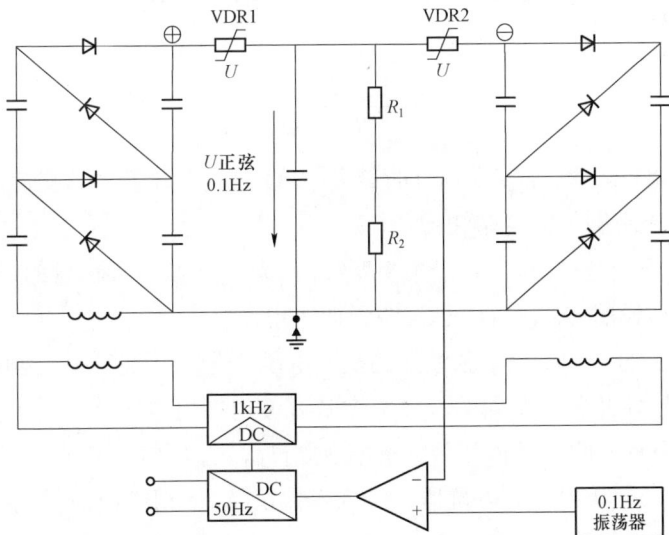

图 3-7 0.1Hz 超低频电压发生器原理图

（3）余弦方波发生器。标准超低频余弦方波波形（见图 3-8）的产生需正、负向充电电路，其次需换向电路，并且需保证在换向过程中电压上升、下降沿均为余弦波形。超低频余弦方波发生器从功能上可分为正向和负向部分，如图 3-9 所示，每个部分包含各自的充电和放电电路，并通过其中的放电电路实现换向过程。

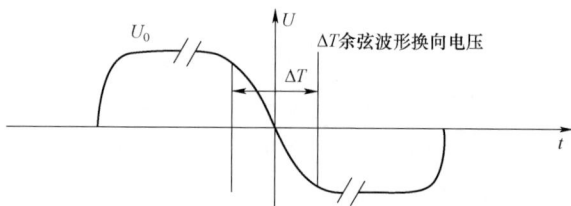

图 3-8　0.1Hz 余弦方波标准电压波形

1）充电部分。充电部分由两个对称的快速充电单元构成。通过直流充电技术，更快速地将容性试品充电至预设电压。如图 3-9 所示，上方部分为正向充电单元，下方部分为负向充电单元。每个快速充电单元包含 4 部分，即低压整流桥、H 桥逆变器、升压变压器和高压整流桥。H 桥逆变器由 4 个带反并联二极管的绝缘栅双极型晶体管（IGBT）组成，其输入电压 U_{dc} 由低压交流电压源经低压整流桥整流而成。通过脉宽调制，H 桥逆变器输出一系列高频电流脉冲为试品电容充电。采用峰值电流控制模式，最大峰值电流 I_{max}，最大占空比 D_{max} 及整流桥电流 i_H 在每个脉冲周期被限定在预设值范围内，当脉冲占空比小于 D_{max} 时，有

$$D = \frac{f_{sw} I_{max}(L_{lk} + L_1/n^2)}{U_{dc} - U_0} \qquad (3-7)$$

式中：f_{sw} 为调制频率；I_{max} 为预设的最大电流；n 为升压变压器变比；L_{lk} 为升压变压器一次侧漏感；U_0 为输出电压。

随着 U_0 不断升高，i_H 上升沿不断变缓，如果 i_H 无法达到预设的最大电流值，D 将保持在预设的 D_{max}，直到 U_0 达到期望电压。

2）放电部分。为确保余弦波形的换向电压，设计了图 3-9 右侧部分放电电路。由于半导体开关是单向的，每个余弦方波周期内电压波形需换向两次。所以使用了两个反并联半导体开关。电压换向过程具体由 LC 串联谐振电路实现，其中 L 为无局部放电空心电抗器，C 为容性试品。为限制每个半导体开关自身固有的反并联二极管的泄漏电流，在每个开关上反串联了一个高压硅堆。

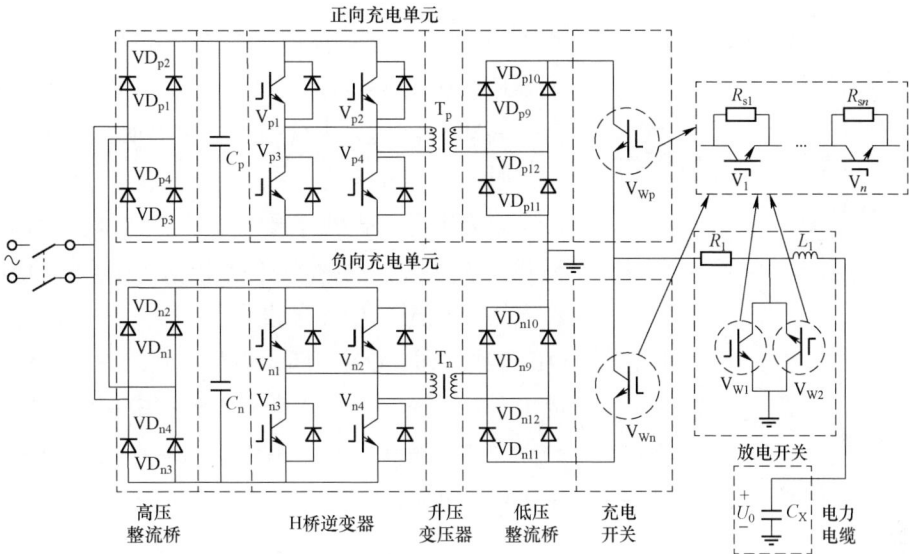

图 3-9　超低频余弦方波发生器结构

（4）超低频指数波发生器。基于 IGBT 研制的双路 20kV 高压开关，设计了一种新型 0.1Hz 指数波发生器。

图 3-10 所示是指数波发生器的电路图，输入电压为工频 220V 交流源，并由调压器 T1 控制电压输出。极性开关 P1 包含两部分：正向高压半导体开关 Q1、反向高压半导体开关 Q2，可以通过光纤控制通断。R_1 为限流电阻，作用是限制变压器的瞬态过电流；C_1 为滤波电容；R_2 的作用是调整电容试品上的电压波形。S1 和 S2 是一对交流开关，通过开关通断与极性开关 P1 相配合，以防止变压器T2 磁心饱和。

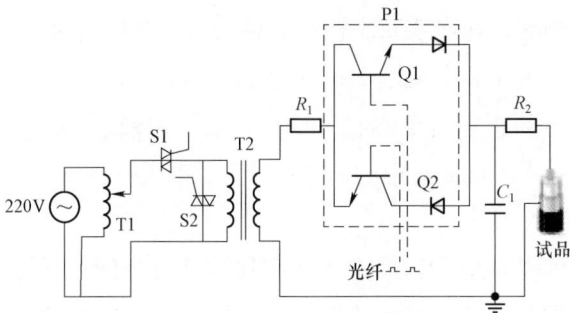

图 3-10　指数波发生器示意图

77

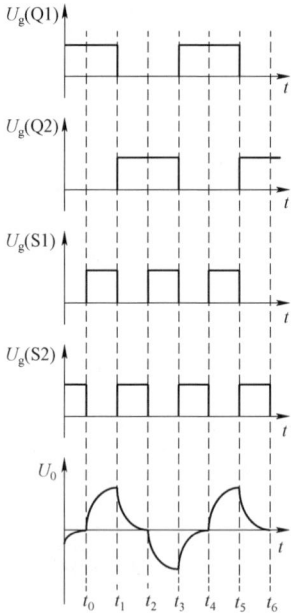

图 3-11 指数波发生器典型波形

图 3-11 给出了指数波发生器的典型波形，其中 U_g 是高压半导体门极电压，当为高电位时开关导通。如图 3-11 所示，半导体开关 Q1 和 Q2 在一周期（$t_0 \sim t_4$）内分别导通半周期。系统开始工作时，正向开关 Q1 导通，经由电阻 R_2，令试品电容充电至正极性预设电压（$t_0 \sim t_1$），然后 Q1 断开，Q2 导通，电容开始放电（$t_1 \sim t_2$），并使电容电压充电至负极性预设电压（$t_2 \sim t_3$），最后，Q1 再次导通，Q2 关断，电容在负极性状态进行放电（$t_3 \sim t_4$）。开关 S1 在充电过程中导通，而 S2 则在放电过程中导通，目的是在磁心发生饱和时提供电流通道。

高压开关包含供电系统、驱动单元和 IGBT 单元三部分。整块开关板由若干个 IGBT 开关相串联组成，与其相关的还有驱动电路、供电输出、过冲保护电路。为了保证每个 IGBT 所承受的电压相同，每个 IGBT 均与高压电阻并联，同时并联 TVS 管，以吸收瞬时过冲电压。为了满足开关板耐压 20kV 的要求以及保证足够的裕量，将整块开关板设计为 10 个 IGBT 串联，每个 IGBT 额定电压为 2kV。

通过仿真系统平台可以在不同负载条件下产生预期的指数波，指数波系统可产生额定幅值 20kV 的指数波。另外，研制该新型指数波发生器的最终目的是利用指数波检测电缆绝缘状态，通过测量激励电压 U_0 和响应电流 I_0 来计算电缆的 tanδ 和介电谱，对比传统 0.1Hz 正弦波，指数波系统不仅可以分析基础频率，还可以分析谐振频率，在电缆状态检测领域具有广阔的前景。

（5）通过测量电压和电流过零点时间差计算 tanδ。

1）0.1Hz 时介质损耗角正切值（tanδ）的测量接线。0.1Hz tanδ 测量接线如图 3-12 所示。在进行 tanδ 测量时，电压信号经电阻分压器过来，电流信号经测量电容 C_0 从试品 C_X 过来。

由于现场电缆是接地的，所有高压和接地部分之间的泄漏电流将进入测量元件 C_0，因而需附加一套屏蔽，连接 VSE（屏蔽端子），截获来自装置电源线的表面泄漏电流。VSE 在接地电位上人为设置。

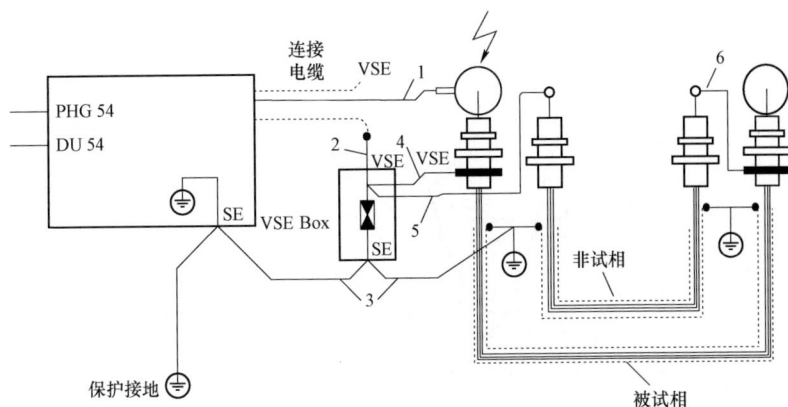

图 3－12　tanδ 测量接线图

1—高压接线；2—屏蔽连线电缆和 VSE 盒；3—到试品连线；4—保护环连线；

5—到试品的回路；6—远端护环连线

tanδ 的测量应该满足：

（a）建立试验回路对测量回路的连接应无电晕；

（b）抑制端头的表面电流和连接电缆的绝缘泄漏电流；

（c）抑制连接电缆与试品之间的介质损耗；

（d）电缆两端头表面泄漏电流由护环传送至 VSE；

（e）为消除高压连接电缆影响，该电缆泄漏电流被送到 VSE。

某些干净端头可能不需护环；然而由于没有护环，不能完全避免表面电流对 tanδ 测量结果的影响。

以上措施，保证了测量仪器可以在已铺设电缆的现场诊断时，获得 1×10^{-4} 的 tanδ 测量精度。

（2）计算 tanδ。介质损耗角正切值（tanδ）是加于介质上的电压 U 与其流过电流 I 的夹角 φ 的余角 δ 正切，所以 0.1Hz tanδ 测量实质上是通过测量电压和电流过零点的时间差来计算 tanδ，如图 3－13 所示。

图 3－14 表示 0.1Hz 介质损耗角正切值（tanδ）测量原理图。利用 C_0 与分压器 R_1/R_2 上的电压降来测量流经试品 C_X 上的电流和电压。对这两信号进行采样，通过采样多路器 MUX，使电流、电压模拟信号依次进行模数转换。微机除其他任务之外，还进行电压和电流信号的测量，计算 tanδ。由于少量的谐波和偏移电压会使相位不稳定，所以要对测量信号过滤。通过傅里叶分析和对测量信号的基本波形分析而算出 tanδ。

另一个误差源是泄漏电流和电晕电流，这种电流是从平行于 C_X 的高电位流

79

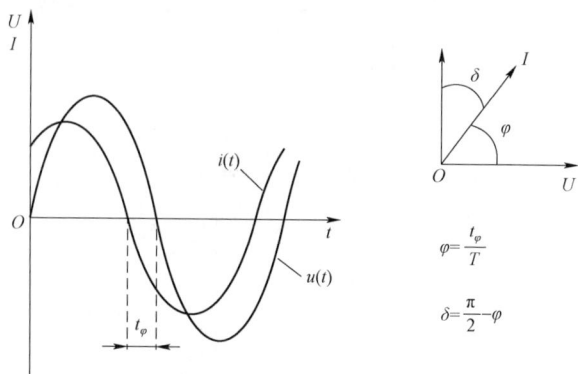

$$\varphi = \frac{t_\varphi}{T}$$

$$\delta = \frac{\pi}{2} - \varphi$$

图 3-13 通过测量电流和电压过零点的时间差来计算 tanδ

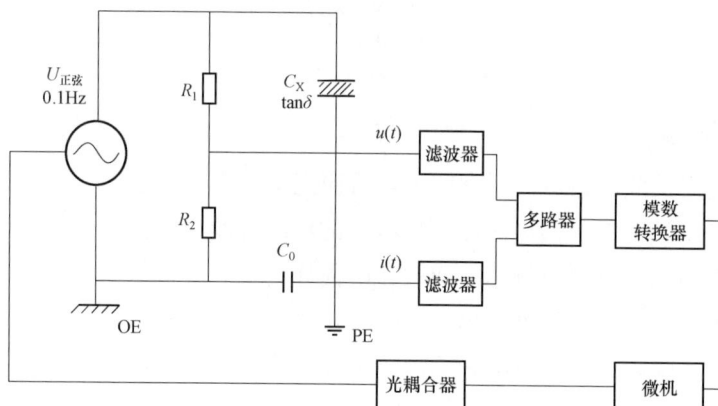

图 3-14 0.1Hz 介质损耗系数测量仪

向保护接地 PE，然后通过电流测量用的电容器 C_0 回流到工作接地 OE。为了避免这种误差，应使这些电流直接通过保护接地 PE 从地直接流到工作接地 OE。

（6）准同步采样谐波分析法测量 tanδ。

1）准同步采样谐波分析法为抗干扰能力较强的数字采样波形分析法，其原理如图 3-15 所示。

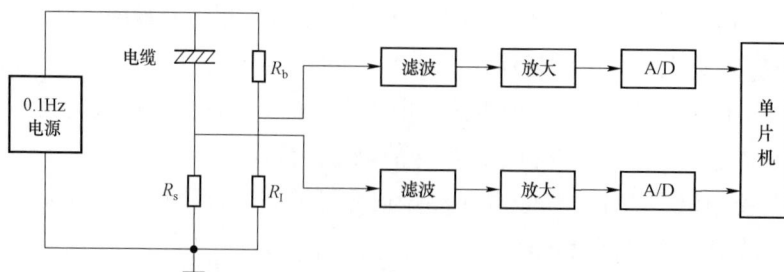

图 3-15 0.1Hz 超低频下 tanδ 测量原理

通过 R_h 和 R_1 组成的电阻分压器得到与被测电缆上电压同相位的电压信号 U_u，通过串联小电阻 R_s 得到与被测电缆电流信号同相位的另一个电压信号 U_i，分别经滤波、放大后由两个同步动作的 A/D 转换器把连续变化的电压信号变成两组数字信号，并存入单片机系统的数据存储器中，则有

$$U_u(t) = a_{u0} + \sum_{k=1}^{\infty} A_{uk} \sin(2k\pi f_0 t + \varphi_{uk})$$
$$= a_{u0} + \sum_{k=1}^{\infty} [a_{uk} \cos(2k\pi f_0 t) + b_{uk} \sin(2k\pi f_0 t)] \tag{3-8}$$

$$U_i(t) = a_{i0} + \sum_{k=1}^{\infty} A_{ik} \sin(2k\pi f_0 t + \varphi_{ik})$$
$$= a_{i0} + \sum_{k=1}^{\infty} [a_{ik} \cos(2k\pi f_0 t) + b_{ik} \sin(2k\pi f_0 t)] \tag{3-9}$$

式中：$f_0 = 0.1\text{Hz}$ 为基波频率；a_{u0} 及 a_{i0} 为直流分量；a_{uk} 及 a_{ik} 为 k 次谐波分量的实部；b_{uk} 及 b_{ik} 为 k 次谐波分量的虚部。

由于

$$\tan\delta = \cos(\varphi_{i1} - \varphi_{u1}) = \frac{b_{i1}b_{u1} + a_{i1}a_{u1}}{a_{i1}a_{u1} - a_{u1}b_{i1}} \tag{3-10}$$

在整个基波周期内

$$a_{u1} = \frac{2}{T} \int_0^T U_u(t)\cos(2\pi f_0 t)\mathrm{d}t \tag{3-11}$$

$$b_{u1} = \frac{2}{T} \int_0^T U_u(t)\sin(2\pi f_0 t)\mathrm{d}t \tag{3-12}$$

$$a_{i1} = \frac{2}{T} \int_0^T U_i(t)\cos(2\pi f_0 t)\mathrm{d}t \tag{3-13}$$

$$b_{i1} = \frac{2}{T} \int_0^T U_i(t)\cos(2\pi f_0 t)\mathrm{d}t \tag{3-14}$$

故若单片机求出 $U_u(t)$ 及 $U_i(t)$ 的基波频率的实部和虚部，则可得到对应于基波 f_0 的 $\tan\delta$。

2）区别于以上在完整周期采样条件下的方法，在实际的采样过程中，采样过程是非整周期的，因此对高准确度的 $\tan\delta$ 测量，在求解过程中，会采用准同步算法，即在周期偏差不大的情况下，增加适当的数据量并采用新算法得到某一周期函数平均值的高度准确估计算法。

对于周期性函数 $f(t) = A_0 + \sum A_n \sin(2\pi f_0 t + \varphi_n)$，可按照求积公式作以下的

递推运算：

$$F^1 = \left(1 \Big/ \sum_{i=0}^{N} d_i\right) \sum_{i=0}^{N} d_i f(t), \quad F^n = \left(1 \Big/ \sum_{i=0}^{N} d_i\right) \sum_{i=0}^{N} d_i F^{n-1} \qquad (3-15)$$

式中：n 为递推序号；N 为采样点数；d_i 对应数值求积公式确定的权系数，$i=0,1,\cdots,N$，可以证明，在一定条件下存在 $\lim\limits_{n\to\infty} = \overline{f(x)}$。

根据所用数值积分方法的不同，准同步计算方法有 3 种具体形式，即复化梯形求积准同步算法、复化辛普生求积准同步算法、复化矩形求积准同步算法。其中，第一种算法最好，其递推公式可改为

$$F^n = A_0 + \sum_{n=1}^{w} (r_n)^m A_n \sin\left\{\left[2\pi f_0\left(t + \frac{m\Delta T}{2}\right) + \varphi_n\right]\right\} \qquad (3-16)$$

$$r_n = -\sin(n\pi f_0 \Delta T)\cos(n t f_0 T_s) / N$$

$$\Delta T = T_0 - NT$$

式中：r_n 为衰减因子；A_0 是函数 $f(t)$ 的平均值；ΔT 为周期偏差；T_0 为基波周期；T_s 为采样周期；w 为采样总数；N 为一周期采样点数。可以证明，随递推次数 m 的增加，F_m 最终收敛于函数 $f(t)$ 的平均值 A_0。

（7）超低频正弦电压下的漏导电流响应判别 XLPE 电缆水树老化程度。采用 0.1Hz 正弦波高电压进行激励的 XLPE 电缆漏导电流响应测量原理如图 3—16 所示。图中，R 为保护水电阻；C 和 R_1 构成 π 型滤波器；D 为双向保护稳压二极管。

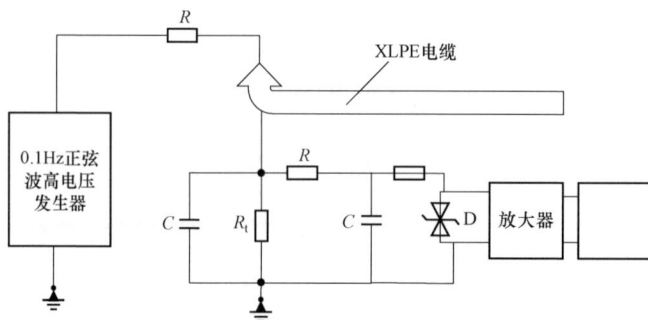

图 3—16　超低频漏导电流响应测量原理

研究表明，在工频和低频电压激励下，含水树枝电缆的漏导电流中会出现谐波电流，而在低频下微孔内水分会更易于在较低的电压下进入电缆微裂纹，微裂纹内极性高分子端基的极化和导电离子的迁移会造成水树枝电导的急剧变

化，谐波电流随之产生，使水树枝具有非线性绝缘电阻性质。可根据响应电流的波形畸变程度对 XLPE 电缆绝缘的水树枝老化程度进行判别。

（8）应用分析。为了确定故障根源，对一些故障样品进行了仔细的研究。几乎所有在超低频测试中发生的故障都是由电缆接头引起的，故障的特点和成因非常类似于发生在运行中配电电缆的故障。这些故障都是由于电缆进水而引起的，有的是通过被刺穿的电缆护套进水，有的是因为接头的防潮密封剂失效而导致进水。对于 XLPE 电缆绝缘，接头内长时间存有水将会导致对金属屏蔽的严重侵蚀，并会沿着绝缘管产生大量的表面漏电痕迹。绝缘受到削弱后，在进行超低频测试时就会发生闪络和击穿。另外，PILC 电缆接头通常在靠近铅防护套边缘的纸绝缘处发生故障。在混合电缆中，几乎所有的故障都发生在电缆的接头处。来自 XLPE 电缆的水会移动至接头处，并在 PILC 接头或电缆本体发生击穿。虽然大多数的电缆故障是由于电缆接头进水导致的，但是聚合绝缘和纸绝缘对此有着截然不同的反应。聚合绝缘通常在电缆进水的初始阶段是不受影响的，直到产生表面漏电，而它会削弱绝缘材料的绝缘强度。这一侵蚀过程可能经过数月甚至数年的时间，最终演变为一个完全的闪络故障。与此相反，纸绝缘电缆中一旦有水浸入，将会立即降低油浸纸的绝缘强度，从而导致泄漏电流升高。在进水后几分钟或几小时的时间里，纸绝缘即会发生热击穿。相对来说，超低频测试在检测 PILC 电缆中短期内可发展为完全闪络的故障方面不如其他诊断技术可靠。然而对于混合电缆系统，除了上面所描述的现象外，XLPE 电缆绝缘到 PILC 电缆绝缘部分的转换接头处浸水也会导致电缆故障。

七、国内外超低频的介质损耗老化检测标准

超低频（ULF）介质损耗测量技术在国外的广泛应用证明其在对电缆绝缘水树检测方面具有优越性。IEEE 400.2—2013 提出超低频介质损耗三大评估判据，即介质损耗随时间稳定性（STD）、介质损耗变化率（DTD）和介质损耗平均值（TD），它们的判断阈值见表 3-1。

表 3-1   IEEE 400.2—2013 交联聚乙烯电缆超低频介质损耗评估判据

电缆绝缘层老化状态评价结论	介质损耗变化率 [$1.5U_0$ 与 $0.5U_0$ ULF 介质损耗平均值的差值（$\times 10^{-3}$）]	条件关系	ULF 介质损耗随时间稳定性 [U_0 下测得的标准偏差（$\times 10^{-3}$）]	条件关系	介质损耗平均值 U_0 下（$\times 10^{-3}$）
健康级设备，无须采取检修行动	<5	与	<0.1	与	<4

续表

电缆绝缘层老化状态评价结论	介质损耗变化率［1.5U_0与0.5U_0ULF介质损耗平均值的差值（×10^{-3}）］	条件关系	ULF介质损耗随时间稳定性［U_0下测得的标准偏差（×10^{-3}）］	条件关系	介质损耗平均值U_0下（×10^{-3}）
关注级设备，建议进一步测试	5～80	或	0.1～0.5	或	4～50
检修级设备，需要采取检修行动	>80	或	>0.5	或	>50

可以对电缆绝缘整体水树老化缺陷及局部长水树的缺陷有所表征。2010年以来，韩国电力公司开始进行 0.1Hz 超低频介质损耗测量诊断中压地下电缆，建立数据库超过 14000 条数据，并根据现有的 IEEE 400.2—2013 中超低频介质损耗检测判据进行了本地化修订，提出了新的介质损耗检测判据，定为 Skirt，值为同一电压下 8 个测量值中最大值和最小值之差。中国香港在 2009 年开展超低频检测，参考 IEEE 国际测试规程，2012 年初颁布执行了香港地区的电缆超低频介质损耗检测评估标准。新加坡电网公司自 2013 年开始对大量的配电网电缆进行普测，制定了自身的超低频介质损耗评估导则。IEEE 超低频介质损耗判据是根据北美不同类型的电缆测出的数据进行威布尔分布得来的测量判据，不一定适合我国的 XLPE 电缆情况。朱亮、李振杰、戴东亚等学者，翻译了国际规程 IEEE 400.2—2013，为我国制定本土特色的介质损耗老化评价规程提供了参考建议。国内一直沿用 IEEE 400.2—2013 作为超低频介质损耗测量及评估，直到 2018 年，中国电力科学研究院有限公司主持起草标准 T/CEC 243—2019《10（6）kV～35kV 挤包绝缘电力电缆系统超低频（0.1Hz）现场试验方法》，深圳供电局主持起草南方电网企业标准 Q/CSG 1205027—2020《6kV～35kV 电缆系统超低频介损测试方法（试行）》。赵丽惠、姜幸等学者，在吸纳 Skirt 判据的基础上，提出了反向介质损耗变化率和介质损耗极差两种判据。反向介质损耗变化率指的是 0.5U_0 和 1.5U_0 下的介质损耗平均值之差，表征的含义是介质损耗的电压稳定性，这可以进一步补充电缆介质损耗变化率的负值特性；介质损耗极差指的是 3 个测试电压 24 个测量周期介质损耗的最大值、最小值之差，表征的含义是介质损耗的电压和时间综合稳定性，可以补充 IEEE 判据只能对单个因素影响的判断。这一超低频介质损耗判断体系，可以为国内建立完善全面的评价标准提供一定的参考。在此基础上，学者们进一

步对介质损耗平均值、介质损耗变化率、介质损耗随时间稳定性三个指标进行威布尔分布拟合,确定出了新的判断阈值,对比见表 3-2。

表 3-2　　　　　　　　0.1Hz 超低频介质损耗测试数据汇总

分布类型	介质损耗平均值 (U_0, ×10³)		介质损耗变化率 ($0.5U_0 \sim 1.5U_0$, ×10³)		介质损耗随时间稳定性 (U_0 下标准差, ×10³)	
判据	IEEE	威布尔分布	IEEE	威布尔分布	IEEE	威布尔分布
80%	4	5.249	0.1	0.126	5	4.601
95%	50	23.371	0.5	0.409	80	34.394
可决系数	—	0.9627	—	0.9788	—	0.9982

新的判断阈值中,80%的分级判断阈值与 IEEE 国际规程值差别不大,造成误判的情况较少;但新 95%的分级判断阈值远小于 IEEE 国际规程。若采用 IEEE 国际规程,易将处于需要采取检修行动状态的电缆判断为处于建议进一步测试状态,导致测试时间增加,严重时甚至可能导致电缆运行的危险程度增加。

结合韩国 Skirt 判据,最终得到完善的超低频介质损耗检测判据体系,该体系包括有六个判据,分别为介质损耗平均值、介质损耗变化率、介质损耗随时间稳定性、反向介质损耗变化率、介质损耗极差和 Skirt。以奥地利保尔的超低频介质损耗测量仪为例,这六个检测判据的数据计算方法见表 3-3。

表 3-3　　　　　　　　超低频介质损耗检测判据的定义

编号	检测判据	定义	表征
1	介质损耗平均值(TD)	U_0 下所测 8 个周期介质损耗值的平均值	介质损耗的平均水平
2	介质损耗随时间稳定性(STD)	U_0 下所测 8 个周期介质损耗值的标准差	介质损耗的时间稳定性
3	介质损耗变化率(DTD)	$1.5U_0$ 和 $0.5U_0$ 下的介质损耗平均值之差的绝对值	介质损耗的电压稳定性
4	反向介质损耗变化率(RDTD)	$0.5U_0$ 和 $1.5U_0$ 下的介质损耗平均值之差,为正值	介质损耗的电压稳定性
5	介质损耗极差(ETD)	3 个测试电压 24 个测量周期介质损耗最大值与最小值之差	介质损耗的电压和时间综合稳定性
6	Skirt	$1.5U_0$ 下所测 8 个周期介质损耗最大值与最小值之差	介质损耗的时间稳定性

八、0.1Hz 超低频介质损耗测量讨论

1. 目前实验中发现的问题

有研究在进行 0.1Hz 超低频介质损耗测量试验中发现：

（1）通过 0.1Hz 的 tanδ 试验发现试品电流在 0.3μA 以上时，测试数据才有效，否则测试数据的离散性很大，无法进行电缆的绝缘老化判断，即 0.1Hz tanδ 试验目前不适用于短电缆。

（2）在 0.1Hz 的 tanδ 测试时发现不合格的电缆中，大部分电缆在常规试验中已发现有严重缺陷（绝缘低劣、泄漏电流严重超标、直流泄漏试验中发生击穿）。因此，tanδ 测试与直流泄漏测量有一定相关性；但相关性多少，有待于进一步分析和研究。

（3）理论上局部放电试验可以精确地发现电缆绝缘中的单点故障，但是在现场实际测试中，由于有电缆中间接头，往往局部放电量集中在接头处并不能正确反映，就算无中间接头的电缆，只要导体材料略有不均匀也容易发生局部放电，因此，局部放电试验判断结果的正确与否，关键在于试验经验，没有一个固定的标准。

2. 0.1Hz 超低频介质损耗测量方法仍需探讨的问题

（1）0.1Hz 超低频介质损耗测量方法目前还有一些不完善的地方，例如还缺少适合于我国电缆实情的评价规程和分级判断阈值的确定方法。并且 0.1Hz 超低频介质损耗检测技术只对水树枝比较敏感，无法有效检测因毛刺、气隙等局部缺陷产生的电树枝，需要制定联合检修策略对电缆绝缘进行全方位评估。研究表明电缆绝缘在 0.1Hz、不同电压下介质损耗随着老化程度的加深，介质损耗随时间稳定性会明显提高，而老化严重的电缆介质损耗对电压的依赖性很高，即介质损耗变化率越大，老化程度越深。对于水树老化来说，水树总密度与介质损耗变化率的相关性强，水树总密度的增加，会导致介质损耗变化率的上升。但该技术在国内的应用有限，且仅有很少的相关经验和数据积累。

（2）通过超低频介电谱有望实现对电缆绝缘老化状态的有效评估。然而，超低频 0.1Hz 以下的介质损耗测量耗时较长，限制了其广泛应用。因此，如何快速测量超低频介电谱成为当前研究的热点。目前常用扩展 Debye 电路模型等效

法将直流激励下的时域响应电流等效变换为交流激励下的频域介电响应快速测量介电谱。这种时－频域等效变换的方法，可将传统的测量时间缩短，但 Debye 模型是将绝缘介质等效为线性电路，并不适用于非线性区域，测量时具有一定的局限性。此外，多频叠加法也被用来快速测量超低频介电谱，即在高频采用 FDS 方式测量，在低频采用极化－去极化电流（PDC）模式和三频叠加模式测量，但时域的 PDC 测试极易受到现场环境的干扰，影响测试结果的准确性。重庆大学杨丽君等提出通过 Hammerstein-Wiener（H－W）模型来等效绝缘介质的介电响应，可快速准确地测试电介质材料的超低频介质损耗，超低频（1mHz～1kHz）介电谱测量耗时比传统扫频缩短约 90%，现已成功运用于现场电力变压器油纸绝缘性能的评估和诊断。快速超低频介质损耗检测技术的应用，为电力设备绝缘性能在短时停电条件下的快速检测提供了可能。目前，这种快速超低频介质损耗测试技术在电缆绝缘性能检测方面的应用还罕有报道。

（3）超低频介质损耗测试对由水树、受潮等原因引起的聚合物绝缘材料的介质损耗幅值或峰值的变化较为敏感。而 XLPE 电缆、油纸绝缘变压器、套管等均由多层非线性绝缘介质组合而成，受温度、激励电压以及老化等条件的影响，其介电响应表现出非线性的 $U-I$ 特性。XLPE 电缆水树老化到一定程度后，电缆绝缘的非线性介电响应加强。张福忠等人的研究表明，含水树电缆的极化电流和介质损耗角正切值在低频段均表现出非线性特征，且低频 0.1Hz 下的介质损耗非线性更加明显，并由此诊断 XLPE 电缆中水树的存在和老化程度。郑晓泉等人研究了含有水树老化的聚乙烯电缆在直流电压下的 $U-R$ 特性和工频电压下的 $U-\tan\delta$ 特性，发现水树老化的电缆具有非线性的绝缘电阻特性，并且其介质损耗角正切值随测试电压变化。目前如何建立 XLPE 电缆绝缘超低频（<0.1Hz）介质损耗与其非线性 $U-I$ 特性之间的关联，对 XLPE 电缆的水树老化状态进行测试评估，还需进一步深入研究。

20 世纪 70 年代美国运筹学家 Saaty 提出了层次分析（AHP）法，得到了学者的广泛关注，但应用层次分析法时构造符合一致性条件的判断矩阵是一个复杂的问题，并且 Saaty 给出的判断矩阵一致性检验标准的科学性也受到许多学者的质疑。针对层次分析法存在的问题，郭亚军教授认为产生上述问题的根源在于能否真实唯一的给出指标之间的序关系，并在此基础上提出了一种无须一致性检验的序关系分析（G1）法。

第二节　超低频介质损耗测量技术

一、测量案例

案例一　武钢供配电网络中,电压等级大于等于3kV的电力电缆总长约2400km,其中交联电缆长约900km。初期因缺乏有效的运行维护技术手段,暴露出较多问题,例如,三炼钢厂钢包炉漏钢,将35kV电缆（YJSV－26/35kV,1×400）绝缘烧伤,重新做一冷缩中间接头后,按 $3U_0$ 即78kV直流试验通过后继续运行,运行一段时间后发现该电缆接地,检查系另一中间接头一相击穿。诸如此类问题,在以往的运行中多次发生,这就说明了直流耐压实验存在一定的缺陷:

（1）在直流电压作用下,绝缘层中的电场强度按绝缘电阻系数正比例分配,但由于在交联过程中不可避免地溶入一定量的副产品,导致绝缘层的电阻系数分布并不均匀,由于在绝缘层中交、直流电压下的电场分布不同,导致击穿特性也不一致。

（2）直流耐压不能有效发现交联电缆绝缘中的水树枝等绝缘缺陷,且由于空间电荷的作用,还易造成交流情况下不会发生问题的地方,在进行直流高压试验后,投运不久即发生击穿;而交流情况下某些不会发生问题的地方,进行直流高压试验时却会击穿。

（3）直流高压试验有电荷积累效应,它将加速绝缘老化,缩短其使用寿命。

为解决直流耐压存在的问题,采用 0.1Hz 超低频试验,通过引进德国产车载式 VPA52 型 0.1Hz 试验仪,对武钢炼铁厂、三炼钢厂、供水厂等单位的九种共 23 根交联电缆进行了 0.1Hz 超低频试验,实验结果表明大部分电缆均通过了试验,其中,有两根电缆发生击穿。两根被击穿电缆经解剖击穿位置（中间头处）发现电缆已受潮,说明 0.1Hz 超低频试验对发现交联电缆故障、绝缘缺陷确实具有一定的作用。详细实验结果见表 3－4。

表 3－4　　　　　　　　**0.1Hz 试 验 数 据**

序号	电缆名称	电缆根数	试验电压	试验时间（h）	备注
1	高炉 5 号 TRT	5	$3U_0$	1	通过
2	高炉煤气洗涤	1	$3U_0$	1	通过

续表

序号	电缆名称	电缆根数	试验电压	试验时间（h）	备注
3	4 号高炉 INBA	2	$3U_0$	1	通过
4	新煤粉一受电	2	$3U_0$	1	通过
5	19 号水站	2	$3U_0$	1	通过
6	3 号水站	2	$3U_0$	1	通过
7	综合变电站	4	$3U_0$	1	其中一相 20min 击穿
8	5 号水站	2	$3U_0$	1	其中一相 30min 击穿
9	三炼钢钢包炉（35kV）	3	$3U_0$	1	通过

案例二　西南交通大学车雨轩使用 DIRANA 介电响应分析仪以及 Frida TD VLF 测试诊断仪对制备的加速热老化电缆老化试样进行了宽频低压介电谱测试和超低频高压介质损耗测试，在超低频高压介质损耗测试中，根据实验所测得的电缆老化试样超低频高压介质损耗数据，分析了不同老化时间、温度下测试曲线的变化情况，使用测试数据进行公式拟合，从中提取特征参数，分析了老化对参数的影响。

其整体研究方案如图 3-17 所示，一共分为五个部分：

（1）试样制作部分：制作用于加速热老化的电缆试样段和交联聚乙烯哑铃状试样。

（2）实验部分：搭建加速热老化实验平台及测试系统，对制作的电缆试样和哑铃试样进行加速热老化。

（3）测试部分：对加速热老化的电缆试样进行宽频低压介电谱测试以及超低频介质损耗测试，对哑铃试样进行断裂伸长率测试。

（4）数据处理部分：对测试所得宽频低压介电谱数据、超低频高压介质损耗数据进行特征参数提取，对特征参数进行分析处理。

（5）状态评估部分：基于机器学习算法，设计多种电缆老化状态评估方案，对比各方案的评估效果。

其中进行超低频（0.1Hz）高压介质损耗测试的步骤主要分为四步：

1）与进行宽频低压介电谱测试准备相同，先将电缆试样接地放电，再用干净酒精棉球等将电缆试样表面污秽擦除，减小污秽对试验结果的影响。

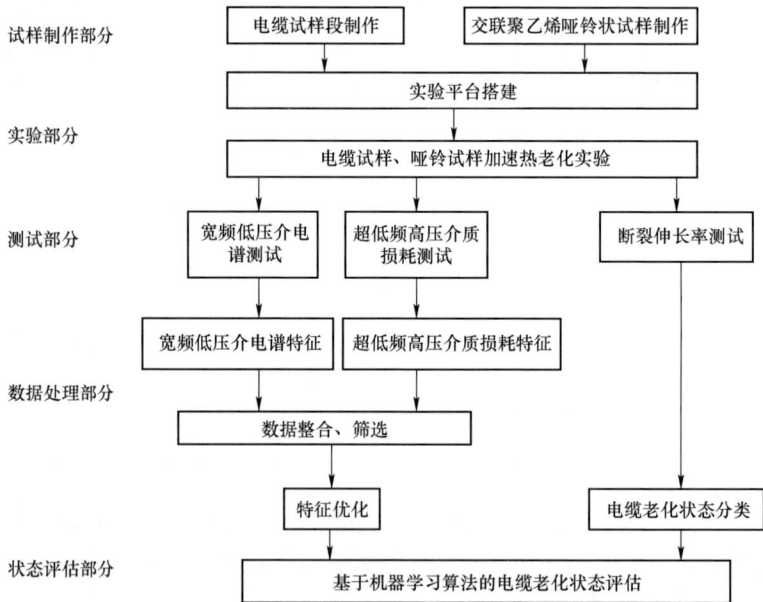

图 3-17　研究方案

2）测试设备的高压连接线与样品缆芯相接，接地导线的一端与接地端相连，另一端与设备侧面的接地螺栓相连，使用连接线将外半导电层上所缠导电铜带与接地导线相连，为了减小电晕放电对测试结果的影响，在电缆样品两端安装防电晕屏蔽罩。

3）在各条连接线连接完成后，为了便于数据记录整理，对试验名称进行设置，根据 IEEE 400.2—2013 标准设置测试电压大小为 $0.5U_0$、U_0、$1.5U_0$（本次试验中 U_0 设置为 8.7kV），同一电压下测试次数设置为 8 次。为了保证实验的安全进行，使用隔离带划分出一块安全区域进行实验。测试完毕后将数据保存以备后续处理分析。

4）测试完成后待设备指示灯亮起，使用放电杆对电缆试样段进行放电处理，放电完毕后将测试样品取下，再进行下一次检测。单次测试耗时约为 30min。

Frida TD 测试接线示意图如图 3-18 所示。

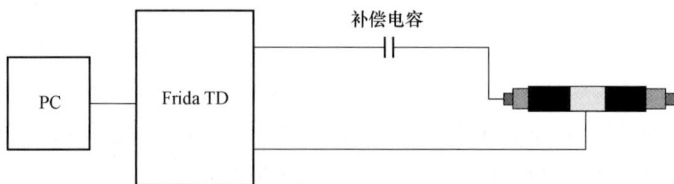

图 3-18　Frida TD 测试接线示意图

根据试验方案中设定的老化温度、取样时间，对不同老化状态下电缆样品进行超低频高压介质损耗测试，测试后对试验结果进行分析，得到了以下两个结论：

1）在同一老化温度下，老化初期相同老化时间时，超低频介质损耗角正切值随着测试电压的增加略微增大，到了老化后期，超低频介质损耗角正切值随电压的增大，增长幅度变大。

2）超低频介质损耗角正切值在同一老化温度下，介质损耗角正切值随着老化时间的增加而变大，并且当老化温度越高时，超低频介质损耗角正切值随老化时间增加，变化速度越快。

案例三 重庆大学房占凯在对 XLPE 电缆绝缘受潮老化的超低频介质损耗特性研究中通过电路模型分析不同受潮程度下的介质损耗特性；对于电缆的不同受潮程度，划分为未形成水树、形成水树和水树贯穿三种状态，采用水针电极法在实验室搭建加速水树老化实验平台，观察不同老化时间水树的尺寸和介质损耗变化规律，验证了超低频介质损耗对电缆受潮水树检测的有效性。

在对加速水树实验形成的样品进行介质损耗测量实验中，采用德国生产的Novocontrol 宽频介电阻抗谱仪，在室温 25℃下，测得不同频率下的样品介质损耗角正切值，见表 3-5。

表 3-5 不同水树老化样品的介质损耗角正切值

实验样品	正常无水树	水树尺寸 10.662μm	水树尺寸 17.516μm	水树尺寸 35.279μm
0.1Hz	3.83×10^{-3}	3.63×10^{-3}	3.85×10^{-2}	1.28×10^{-1}
50Hz	7.92×10^{-4}	6.91×10^{-4}	1.43×10^{-3}	1.56×10^{-3}

由表 3-5 可知随着水树老化尺寸的增长，同一频率下不同样品的介质损耗角正切值逐渐升高；同一样品，随着频率的升高，介质损耗角正切值显著下降，0.1Hz 的介质损耗角正切值比工频 50Hz 值大，在介质损耗测量现场干扰众多的情况下，0.1Hz 下的介质损耗角正切值测量更容易反映电缆介质损耗情况。通过对比不同水树老化尺寸样品的介质损耗变化，验证了超低频介质损耗测试对绝缘水树劣化检测的有效性。

二、超低频介质损耗测量所用试验仪器

（1）案例一中所用德国产车载式 VPA52 型 0.1Hz 试验仪的接线原理图如图 3－19 所示。

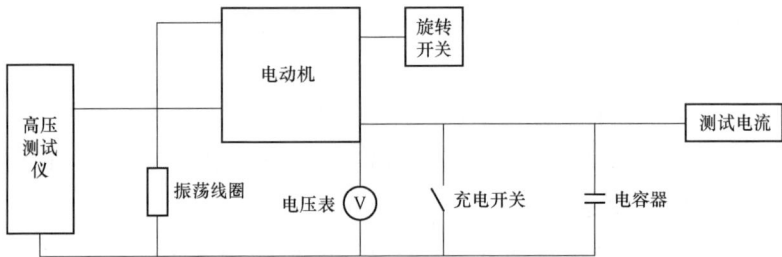

图 3－19　0.1Hz 试验仪的接线原理图

　　0.1Hz 试验仪的主要部件是旋转整流器开关，在一个完整行程可产生 0.1Hz 振荡。其基本原理如下：① 循环开始时先通过高压测试仪给测试电缆及支持电容器充电到所需的负测试电压。② 充电完成后，旋转开关使高压测试仪与电缆分开，到达 70°位置时，高压测试仪将被放电，这是为了保证振荡完成后，不会存在反极性。③ 到达 114°旋转角时，测试电缆通过整流器接到振荡线圈上，产生带正极性的余弦半波电压振荡。④ 正半波在 216°位置时，旋转开关是关闭的。⑤ 在 288°旋转角时，产生负极性振荡。

采用 VPA52 型 0.1Hz 试验仪有三个优点：

1）体积小，可很方便地安装在电缆测试车上。

2）兼容性好，可更新现有测试车设备。

3）可选择输出交流电压或直流电压，输出的 0.1Hz 余弦电压对交联电缆无害。

图 3－20　Frida TD 测试诊断仪

（2）案例二中所用仪器为 Frida TD，其实物图如图 3－20 所示。

Frida TD 测试诊断仪用于中压电缆和电气设备（发电机、变压器和开关设备）测试、电缆护套测试、电缆诊断、介质损耗测量和带 $\tan\delta$ 的监控耐压测试、局部放电测量和带 $\tan\delta$ 和局部放电测量的完全监控耐压测试。设备在处理 XLPE 电缆时，介质损耗测量会区分

出新电缆、受水树损伤较轻的电缆和受水树损伤较严重的电缆。这样可以确定电缆的更换紧迫程度。

Frida TD 的好处在于体积轻巧，是一种机动性高的直流及极低频（VLF）高压输出测试仪，能够产生直流或选择极低频真实正弦波的高压输出测试，主机另具备电力电缆的绝缘诊断（tanδ）功能。除了测试中压范围的电力电缆与马达发电机等设备的耐压试验外，也可进行电力电缆屏蔽层的检测，之后进一步实施电力电缆 tanδ 诊断，并可将实验数据储存于 USB 内，运用计算机管理实验数据。或运用程序预先编辑试验程序，让现场的主机程序设定更加方便。

（3）案例三中所用仪器为德国生产的 Novocontrol 宽频介电阻抗谱仪，其原理图如图 3−21 所示。

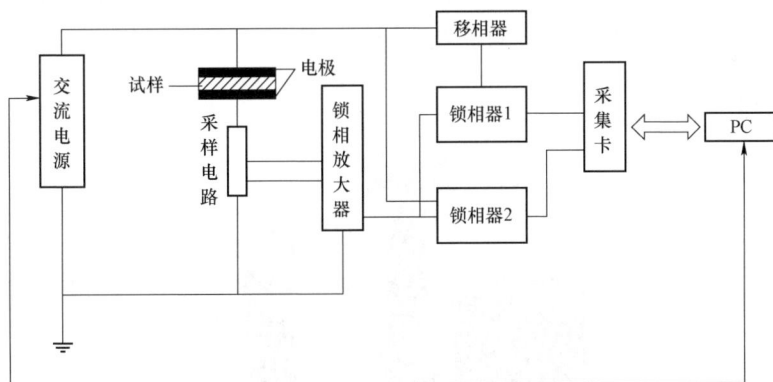

图 3−21 Novocontrol 宽频介电阻抗谱仪原理图

Novocontrol 宽频介电阻抗谱仪的优点是可以通过与 Keysight 高频分析仪的结合达到很宽的频率范围（3μHz～3GHz）；能灵敏地测量极低电导率和极低损耗的材料（分辨率可达 10^{-5}）；具有极宽的阻抗分析范围（10mΩ～100TΩ）；不但可以测量各种固体、薄膜材料，还可以测量液体、粉末等样品材料；其自主研发的全自动在线控制软件可以实时进行多达三十多种不同参数的测量与分析；并且拥有三种不同温度范围的温度控制系统，可以满足不同电介质材料测量时对温度范围和控温精度的不同要求。

（4）除上述案例中的测量仪器外，还有其他仪器：

1）奥地利保尔公司的超低频介损测量仪，如图 3−22 所示。试验前通过手动方式给 0.1Hz 主机设置好试验参数，连接试验设备，给电缆施加一个超低频高压，通过正弦波耐压设备采集数据，自动分析数据，并将试验原始数据及结论保存于主机，或通过 USB 接口保存于个人计算机中，从而实现介质损耗数据的展示。其测量过程如下：

a. 首先，确认待测电缆已断电，待测电缆的近端和远端完全与电力系统断开连接，待测电缆的远端三相悬挂且留有足够的安全距离。

b. 使用 5000V 绝缘电阻表对待测电缆三相进行对地绝缘电阻测量，结束后进行放电处理。

c. 待测电缆近端通过无局部放电高压连线连接上主机，确保仪器接地可靠。

d. 采用奥地利保尔主机，在 $0.5U_0$、$1.0U_0$、$1.5U_0$ 三个测试电压下自动测量电缆介质损耗角正切值，U_0 表示测量电缆运行的额定电压。例如对于 10kV 交流线路，电缆额定电压等级为 8.7/10kV，则 U_0 为 8.7kV。在每个测试电压下依次测量 8 个周期的介质损耗角正切值，基于三个电压下的 24 个原始数据自动进行超低频介质损耗检测判据的计算。按照该程序完成被测电缆的 A 相、B 相和 C 相的介质损耗测试。

图 3－22　超低频介损测量仪

2）HVA45TD 超低频电缆测试系统，如图 3－23 所示。

HVA45TD 是用于测试中低压电缆的真正紧凑便携的超低频测试系统。其可应用于 10kV 以下电缆的耐压，35kV 以下介质损耗、局部放电等项目的测试，主要为集成介质损耗诊断系统，具有电缆耐压测试、外护套测试、外护套故障定位、直流

图 3－23　HVA45TD 超低频电缆测试系统

测试、介质损耗测试等多种测试功能。同时 HVA45TD 是最轻的，集耐压和介质损耗测试为一体的，峰值电压可达到 45kV 的电缆测试仪。

3）HVA200 超低频电缆测试系统，如图 3-24 所示。

图 3-24　HVA200 超低频电缆测试系统

除此之外，HVA200 可添加介质损耗和局部放电测试模块，具有电缆耐压测试、外护套测试、外护套故障定位、直流测试、介质损耗测试等多种测试功能。

HVA200 超低频电缆测试系统产品特点有：

a. 一机多用：可进行电缆交直流耐压测试、外护套测试及故障定位等多种测试。

b. 强大的输出：正弦超低频输出电压峰值可达 200kV，有效值可达 140kV。输出电流最大可达 140mA，可以提供最大电容 6μF 的强大输出。

c. 方便运输：HVA200 部件可拆卸并且方便运输。

d. 无限制运行时间：HVA200 可对电缆进行持续测量，不需要停机散热。

e. 可视化软件：所有的结果可以通过 USB 或光纤进行传输、编辑并生成报告。软件具有图形分析功能，可以更加直观地读取测试结果并与之前测试结果生成对比。

f. 系统可升级：可根据用户的需要添加局部放电测试模块和介质损耗测试模块，同时进行电缆耐压、局部放电、介质损耗角正切值测试。

4）VLFSINUS34 电缆介损老化设备评价测试系统，如图 3-25 所示。

VLFSINUS34 电缆介损老化设备评价测试系统是一款体积紧凑、坚固耐用、超便携的纯正弦波耐压试验装置，适合配电电力电缆耐压试验。除了能输出纯正弦波形以外，VLFSINUS34kV 电

图 3-25　VLFSINUS34 电缆介损老化设备评价测试系统

缆 0.1Hz 交流耐压试验产品还能输出四种输出波形。

VLFSINUS34 电缆介损老化设备评价测试系统产品特点有：

a. 最大试验容量高达 5μF。

b. 适合户外现场使用（IP54 国际防水、防尘等级）。

c. 单键操作。

d. 内置接地电阻等安全监测单元。

e. 自动导出中文试验报告。

f. 连续工作，无须负载冷却等待。

g. 适合交联电缆介质损耗真值偏小的需要，分辨率高达高压侧十万分之一。

h. 高压侧：标准配置含三脚架，测量值来自高压侧。

i. 抗干扰：无接地电流、杂散电流、耦合电流的影响。

j. 屏蔽环：两侧均设计有智能屏蔽环，有效消除电缆终端外绝缘表面放电带来的误差。

k. 全自动：软件控制硬件，无线局域网组网。

l. 24h 工作：无任何强制冷却要求，支持整天整夜连续工作。

第四章 电力电缆的宽频介质损耗测量技术

第一节 宽频测量的特点及原理

一、宽频介质损耗测量的特点

宽频介质损耗测量指的是通过介电频谱进行测量，介电频谱测量属于介电响应法中的一种，该方法能够通过改变频率的方式对绝缘的介电参数进行检测，主要特点有：

（1）属于无损检测方式，不会对电力电缆产生破坏。

（2）携带信息量大、降噪能力强。

（3）在低频段下受到干扰较小。

（4）能提供绝缘状态的可靠信息。

（5）便于现场测试。

（6）可进行宽频带、多信息的检测，可以得到更多的有效信息。

因此，国内外大量学者将介电频谱应用在各类绝缘系统中，研究了电力电缆在不同老化状态、受潮程度时，介电频谱的变化情况，并且还研究了温度对于介电响应测试的影响。

二、介电响应

考虑一个电容系统两块金属极板被真空隔开（见图 4-1）并施加一个电场 E，极板就会储存一定的电量，其电荷密度为 D。单位电场强度下的电荷密度

$\varepsilon_0 = D_0/E$，即为真空电容率，其值为 $8.85 \times 10^{12}\text{F/m}$。

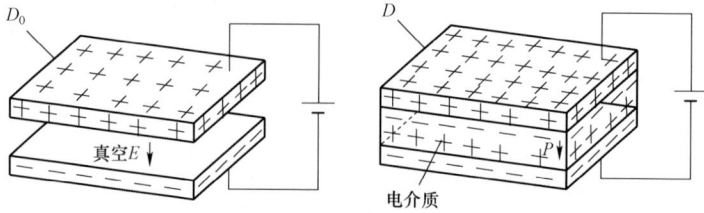

图 4-1　电容系统

如果有电介质存在于两极板之间，极板的电容就会因此而增大。电荷密度从 D_0 增大到 D，电容率从 ε_0 增加到 $D/E = \varepsilon_d$。电荷密度的增大是由于电介质中电荷的位移所致，即正电荷向负极板靠近，负电荷向正极板靠近，故电荷密度又称介电位移。介电位移的增大量记作极化率 P，即

$$P = D - D_0 \tag{4-1}$$

描述电介质极化能力的物理量称作相对介电常数，为电介质存在下的电容率 ε_d 与真空电容率 ε_0 之比，即

$$\varepsilon = \varepsilon_d / \varepsilon_0 \tag{4-2}$$

这个比值又同时是极板电荷密度之比，即

$$\varepsilon = D / D_0 \tag{4-3}$$

电介质中的极化可以有多种形式，大致可以分为电子极化、离子极化和取向极化三种。具体的极化过程在此不再描述。需另外提醒的一点是电子极化与离子极化都使材料内部结构发生变形，可统称为变形极化。

介电行为多在交变电场下进行研究。变形极化在 10^{-14}s 内发生，可认为是瞬时的，能够严格跟随电场；而取向极化会受到介质内部黏滞力的影响，总是滞后于电场的变化，导致总的介电位移也滞后于电场。设输入电场为

$$E = E_0 \mathrm{e}^{\mathrm{j}\omega t} \tag{4-4}$$

介电位移要滞后一个相位角 δ，即

$$D = D_0 \mathrm{e}^{\mathrm{j}(\omega t - \delta)} \tag{4-5}$$

上述两式右侧对应消除，并通除真空电容率 ε_0，得

$$\frac{D}{E\varepsilon_0} = \left(\frac{D_0}{E_0\varepsilon_0}\right)\mathrm{e}^{-\mathrm{j}\delta} \tag{4-6}$$

式（4-6）左侧为复介电常数，右侧括号中的值为其绝对值，利用欧拉公式

$$\varepsilon^* = |\varepsilon^*| e^{-j\delta} = |\varepsilon^*| \cos\delta - j|\varepsilon^*| \sin\delta = \varepsilon' - j\varepsilon'' \qquad (4-7)$$

ε' 就是实际测定的介电常数，ε'' 为介电损耗。ε'' 与 ε' 的夹角 δ 的正切称为损耗因子

$$\tan\delta = \frac{\varepsilon''}{\varepsilon'} \qquad (4-8)$$

图 4-2 中规定了这些物理量之间的关系。由于介电常数的实际测定都在交变电场下，以下行文将省略 ε' 中的一撇，仍将介电常数记作 ε。在交变电场下，电介质中的电荷因极化而做往复运动，即产生交变电流。电介质中的电流可分为两种：一种是电容电流，与电场的相位相差 90°，在电容的充放过程中不做功，不消耗能量，由其产生的极化由介电常数 ε 代表；另一种是电阻电流，与电场的相位相同，故会消耗能量，其表现形式就是介电损耗 ε''。介电常数与介电损耗的这种关系相当于动态力学过程中储能模量与损耗模量间的关系。介电损耗因子也与动态力学过程中的损耗因子形式相同。实际上二者并无本质的不同，均为代表能量损耗的物理量与代表能量储存的物理量之比。在动态力场下，用 $\tan\delta$ 和 G'' 表征力学损耗；在交变电场下，用 $\tan\delta$ 和 ε'' 表征介电损耗。介电常数、介电损耗和损耗因子与频率的关系如图 4-3 所示。

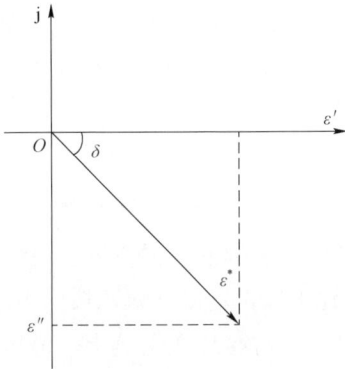

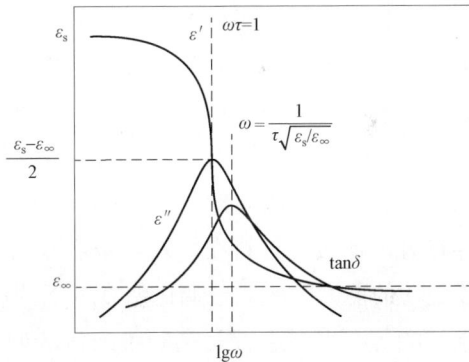

图 4-2　复介电常数　　图 4-3　介电常数、介电损耗和损耗因子与频率的关系

如上所述，变形极化几乎是瞬时的，而取向极化具有频率依赖性。在极低频率下，变形极化与取向极化均能发生，如同静电场的情况，此时的介电常数最高，为 ε_s。随频率提高，取向极化逐步跟不上电场的变化，介电常数逐步下降。达到光频水平时，取向极化完全不能发生，只发生变形极化，介电常数为 ε_∞。

介电损耗是取向极化的结果。由于取向极化要克服电介质的内阻，不能严格紧跟电场的变化，所以不仅依赖于频率，还依赖偶极的松弛时间，这一点与力学损耗极为相似。当 $1/\omega \gg \tau$ 时，取向极化几乎与电场同步，介电损耗很小；当 $1/\omega \ll \tau$ 时，取向极化难以发生，介电损耗也很小。在 $1/\omega = \tau$ 即 $\omega\tau = 1$ 处，介电损耗出现极大值。图 4-3 描述了 ε'' 和 $\tan\delta$ 随 ω 变化出现极大值的情况。需要注意的是，一种聚合物中可能存在一种偶极，也可能存在多种偶极。不同偶极有不同的松弛时间，ε'' 随频率变化时就会出现多个极大值而不是一个。

如果聚合物完全由非极性基团构成，或极性基团相互抵消，即使在低频下介电常数也很低，介电损耗可以忽略，这是因为没有取向极化，只有变形极化。例如聚乙烯中的—CH_2—基团偶极矩极低，且在链上相向排列，偶极矩基本被抵消了。聚四氟乙烯中的—CF_2—基团的偶极矩比—CH_2—稍大，是由于在螺旋构象中每个基团都垂直于螺旋轴，偶极矩也基本相互抵消。这两种聚合物是低介电常数的代表。当然，存在因构象有缺陷，偶极矩间的相互抵消并不完全，使这两种聚合物的介电常数超过 2.0 的情况。如果对聚乙烯进行氧化处理，情况就不同了。氧化引入的羰基虽未严重扰乱构象，却引入了不同的偶极矩，使局部的—CH_2—偶极矩不再能相互抵消，介电常数提高，也出现了介电损耗。故使用介电方法研究聚乙烯、聚四氟乙烯等的松弛行为时，要轻度氧化才能进行。

如果聚合物含有极性基团且又不抵消，就会表现较高的介电常数，也会发生很大的介电损耗，如尼龙、偏氯乙烯等。从表 4-1 可以看出，聚合物的溶度参数（代表极性）与介电常数几乎具有线性关系。极性聚合物中的偶极可以直接连在主链上（如聚氯乙烯、聚酯、聚碳酸酯等），也可以出现在侧基上做独立运动（如聚甲基丙烯酸甲酯）。在前一种情况中，偶极与主链是一个整体，无电场存在时，偶极无规排布。在电场存在时，偶极会发生取向，但取向程度依赖链段运动的能力。所以玻璃化温度以下的偶极极化很低，所以聚氯乙烯、聚酯、聚碳酸酯等在室温下都是高频绝缘体。如果偶极不是直接连在主链上，链段运动对偶极极化就不重要，在 T_g 以下也能发生极化。此类材料就不适合作电绝缘体。除了偶极随电场方向运动造成的介电损耗外，电介质的导电行为会直接造成能量的损耗。这种情况不属于介电行为而是电导行为，本节不再深入讨论，但在实际工作中则必须能够分辨是介电损耗还是电导损耗。

聚合物的介电常数与链段运动能力密切相关，因而受温度的影响显著。例如聚氯乙烯中极性基团密度比聚氯丁二烯多一倍，但在室温下，后者的介电常数为前者的两倍。这是因为聚氯乙烯的 T_g 高于室温，而聚氯丁二烯的 T_g 低于室温。聚氯乙烯的 T_g 在 70℃左右，当温度升高到 T_g 以上时，介电常数会迅速增大而超过聚氯丁二烯。在聚合物中加入增塑剂可降低 T_g，故增塑聚氯乙烯的介电常数就远大于未增塑样品。水分对介电常数也有影响，干燥聚乙烯醇的介电常数为 2.5，而水分含量为 5% 时就升高到 3.0。

表 4-1　　　　　　　　　　一些常见聚合物的介电常数与溶度参数

聚合物	电导率	介电常数	聚合物	电导率	介电常数
聚四氟乙烯	12.7	2.1	聚对苯二甲酸乙二酯	21.8	3.3
聚丙烯	18.8	2.2	聚氯乙烯	19.4	3.4
聚三氟氯乙烯	14.7	2.24	聚甲基丙烯酸甲酯	18.7	3.6
聚乙烯	17.1	2.3	尼龙 66	27.8	4.0
聚苯乙烯	15.6~21	2.5	聚偏氯乙烯	20~25	4.5~6.0
聚乙烯醇	25.78	2.5	聚丙烯腈	28.7	6.5
聚二甲基硅氧烷	15.1	2.75	聚氯丁二烯	—	6.7
双酚 A 聚碳酸酯	19.4	3.0	PVF	25	8.5
聚醚醚酮	—	3.3	PVDF	17.4	9
聚醋酸乙烯酯	21	3.3	—	—	—

　　结晶聚合物的情况更为复杂。50% 结晶度的与无定形的聚对苯二甲酸乙二醇酯（PET）的介电常数随温度的变化，可看出晶区对介电常数的影响。两种样品的 ε_∞ 非常接近且变化不大，即使在玻璃化温度（354K）下也是如此。但二者的 ε_s 却有显著差异，特别是在玻璃化转变以上，无定形样品的 ε_s 远大于结晶样品。因为在低温下，—C＝O 基团在苯环上互为反式结构，偶极矩几乎抵消；而在高温下，无定形区的 —C＝O 键可自由旋转，偶极独立取向，相互抵消的概率低。即使在低温下，结晶样品的 ε_s 也低于非晶样品。这是因为结晶区不仅对介电常数贡献不大，还限制了链段在无定形区的运动。

　　在固定频率的条件下，以 ε'' 或 $\tan\delta$ 对温度作图，就会得到多个峰组成的谱图，每个峰代表一种结构单元的运动的启动或冻结。同力学损耗对温度的谱图类似，将每个峰所代表的转变称作一个介电松弛，这种谱图就称为介电松弛谱。介电松弛谱与力学松弛谱一样，是研究次级转变的手段之一。介电峰的标记方法也同力学松弛一样，将温度最高的峰记为 α，以下依次为 β，γ，δ ⋯聚合物不同，损耗峰所代表的转变机理也不同。图4-4为聚丙烯和聚四氟乙烯的介电松弛谱。

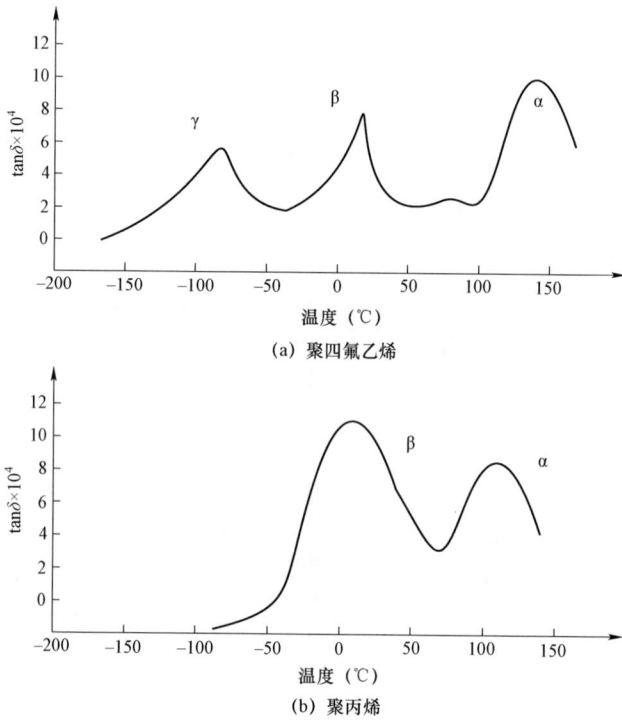

（a）聚四氟乙烯

（b）聚丙烯

图4-4　聚丙烯和聚四氟乙烯的介电松弛谱

　　与动态力学方法相比，介电方法灵敏度更高，可使用的频率范围更宽。动态力学法能够使用的频率不超过1000Hz，而介电方法覆盖的频率范围从低频的10^{-4}Hz到光频的10^{14}Hz。介电方法不仅能够测到小尺寸运动单元的运动，还可以测到支化点、晶格缺陷等处的松弛过程。

　　图4-5为两种聚乙烯介电与力学松弛谱的比较。四条谱线都出现α、β、γ三个主要的松弛峰，但相对强度不同，峰位也不尽相同。最具共性的是γ峰，不同点仅在于介电峰的温度高于力学峰，这是由于介电测试所用频率大大高于力学测试。γ峰反映的是无定形链的一种局部运动，称为曲柄运动，是5～7个单键进行同轴旋转。Shatzki和Boyer提出了不同的机理，如图4-6所示。β峰为无定形区的玻璃化转变，可发现介电谱出现明确的峰而力学谱的峰很不明显。这说明虽然链段运动被高结晶度所抑制，但介电响应的灵敏度高于力学响应。α峰最能说明两种测试方法的区别。在高于T_g的温度下，聚乙烯的晶区中会发生

一种构象扭曲运动（见图 4-7），称作 α 转变。受晶区中扭曲运动的带动，无定形区中的分子链也随之运动。介电谱对晶区中的运动敏感，故介电 α 峰直接反映晶区中的 α 转变。由于高密度聚乙烯（HDPE）的结晶度高，故它的 α 峰明显强于低密度聚乙烯（LDPE）。力学测试不能反映晶区中的运动，只能检测无定形区中被带动的分子链运动。LDPE 由于结晶度低，可观察到一个明确的峰；而 HDPE 中链段运动受限，其 α 转变就像玻璃化转变一样难以被探测到。

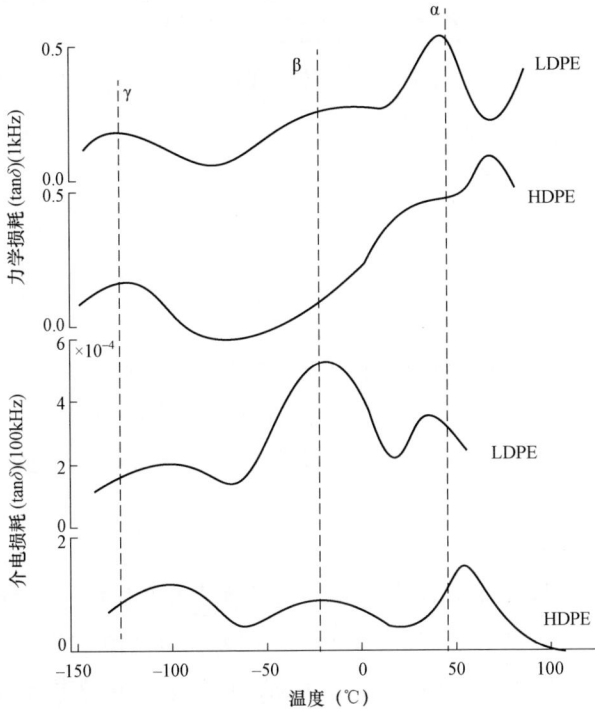

图 4-5　两种聚乙烯介电与力学松弛谱的比较

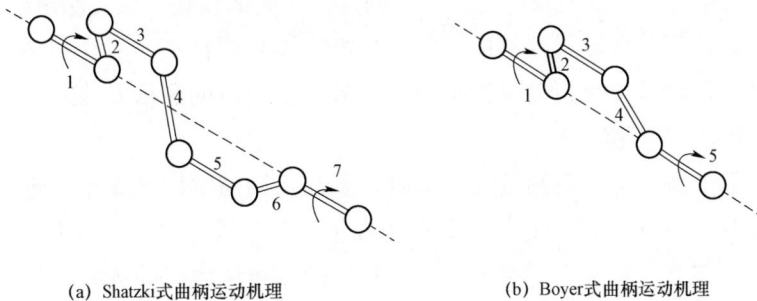

(a) Shatzki 式曲柄运动机理　　　　(b) Boyer 式曲柄运动机理

图 4-6　两种曲柄运动机理

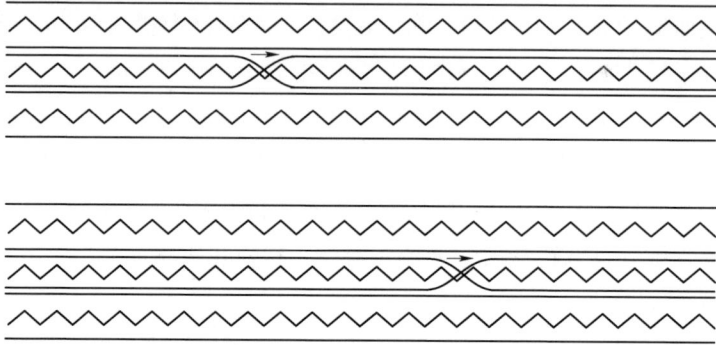

图 4-7　晶区的 α 转变

三、介电谱

1. 介电谱概述

介电谱是材料介电性能与频率的关系，也称为阻抗谱，又称介电色散曲线，即通过复阻抗 $Z^*(\omega)$ 或复介电常数 $\varepsilon^*(\omega)$ 和复电导率 $\sigma^*(\omega)$ 与频率（$10^{-6}\sim 10^{12}$Hz）的关系表示外部电场与材料内电偶极距或电荷的相互作用。对于绝缘材料来说，介电谱可以反映出发生在绝缘内部或外部分界处的介电现象或极化（如分子或电偶极子的振动、电荷传递和极化效应等），从而确定绝缘材料的介电性能。

2. 介电谱的测量

要了解不同的频率或不同的温度下绝缘系统或介质的介电特点，就要测量复介电常数 $\varepsilon^* = \varepsilon' - j\varepsilon''$ 随频率的变化曲线（称为介电频谱）或随温度的变化曲线（称为介电温谱）。其中 ε' 为复介电常数实部，ε'' 为复介电常数虚部。介电频谱的测量要求频率的量程很宽，用一台普通仪器无法进行测量，而用两台不同的仪器测得的数据往往又不能很好地衔接。同时，一条曲线往往需要测量很多数据，耗时较长，这就要求测量仪器的稳定性要好，零点漂移小，而且不必人工逐点测量。对此，可以使用自动平衡电桥。此外，介电谱的测量方法还有很多，如不平衡电桥、相位比较法。

（1）不平衡电桥。在测量介电谱时，要在不同的频率下逐点平衡电桥，测出该频率下的 ε' 及 ε'' 或 $\tan\delta$，这样就需要很长的测量时间。采用不平衡电桥，只要开始时在某一频率下平衡电桥，之后，改变电桥电源的频率，就可以从电桥偏离平衡时输出电压的实部和虚部测得 ε' 及 ε''。

图 4-8 是不平衡电桥结构图。振荡器提供电桥的电压，电压经分相器产生

电压 U_1 和 U_2，$U_1 = -U_2$。U_1 和 U_2 分别加到电桥 P_1 和 P_2。P_1 与 P_3 组成电容器 C_1，电极间放置样品，P_2 和 P_3 组成相敏检测器。相敏检测器由振荡器提供相位差为 $90°$ 的参考电压，输入的电压 U_3 可分解为实部、虚部两部分，即相应的 ε' 及 ε''。根据图 4-9 所示的原理图，可以写出如下电路方程组。

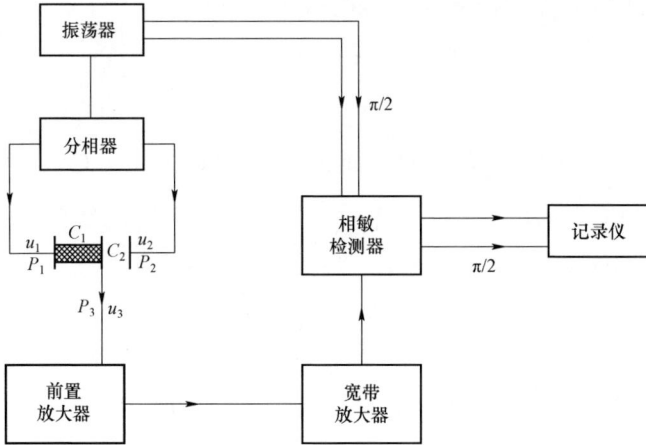

图 4-8　不平衡电桥结构图

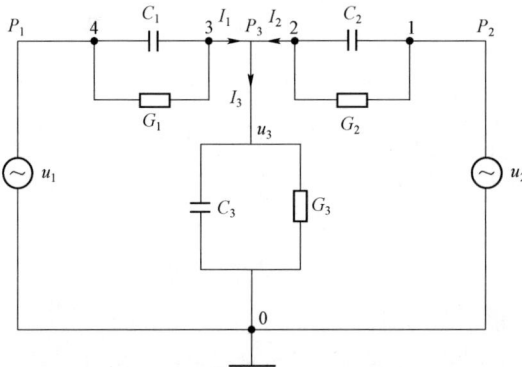

图 4-9　不平衡电桥的原理图

$$u_2 = i_2 Z_2 + i_3 Z_3 \tag{4-9}$$

$$u_3 = i_3 Z_3 \tag{4-10}$$

$$i_3 = i_1 + i_2 \tag{4-11}$$

$$u_1 = i_1 Z_1 + i_3 Z_3 \tag{4-12}$$

式中各参数见图 4-9，Z_3 为放大器的输入阻抗。当 $U_1 = -U_2$ 时，可解得

$$u_2 = i_2 Z_2 + i_3 Z_3 \tag{4-13}$$

$$u_3 = i_3 Z_3 \tag{4-14}$$

当取出样品时，P_1 与 P_3 电极距离不变。这时电极间的电容为 C_0，等效电导为 G_{10}，它与空气绝缘。C_0 与 C_2 除了电极距离不同，其他结构都相同，所以这个电极系统的等效电导可视为近似相等，即 $G_{10} = G_2$。在接入样品时，G_{10} 仍然存在，若样品的损耗角正切值用 $G_p/\omega C_p$ 表示，则

$$G_1 = G_{10} + G_p = G_2 + G_p \tag{4-15}$$

$$C_1 = \varepsilon' C_0 = C_p \tag{4-16}$$

$$G_1 - G_2 = G_p = \omega C_p \tan \delta = \omega \varepsilon' C_0 \tan \delta = \omega \varepsilon'' C_0 \tag{4-17}$$

将式（4-15）～式（4-17）代入式（4-14），并考虑到实际设计电路时保证满足 $\omega(C_1 + C_2 + C_3) \gg G_1 + G_2 + G_3$，则式（4-14）可化为

$$\frac{u_3}{u_1} = \frac{(\varepsilon' C_0 - C_2) - j\varepsilon'' C_0}{\varepsilon' C_0 + C_2 + C_3} \tag{4-18}$$

测量时，选定适当的角频率 ω_0，调节 C_2 使 U_3/U_1 的实部平衡，于是式（4-18）改写成

$$\left(\frac{u_3}{u_1}\right)_0 = \frac{-j\varepsilon_0'' C_0}{2\varepsilon_0' C_0 + C_3} \tag{4-19}$$

在任一角频率 ω_f 下，电桥归一化的电压为

$$\begin{aligned}
\left(\frac{u_3}{u_1}\right)_f - \left(\frac{u_3}{u_1}\right)_0 &= \frac{(C_0 \varepsilon_f' - C_2) - jC_0 \varepsilon_f''}{2\varepsilon_f' C_0 + C_3} - \frac{-jC_0 \varepsilon_0''}{2\varepsilon_0' C_0 + C_3} \\
&\approx \frac{C_0(\varepsilon_f' - \varepsilon_0') - jC_0(\varepsilon_f'' - \varepsilon_0'')}{2\varepsilon_0' C_0 + C_3}
\end{aligned} \tag{4-20}$$

由式（4-20）得

实部为

$$\mathrm{Re} = \frac{C_0(\varepsilon_f' - \varepsilon_0')}{2\varepsilon_0' C_0 + C_3} \tag{4-21}$$

虚部为

$$\mathrm{Im} = \frac{C_0(\varepsilon_f'' - \varepsilon_0'')}{2\varepsilon_0' C_0 + C_3} \tag{4-22}$$

于是，ε_f' 和 ε''_f 可分别从 U_3/U_1 的实部和虚部测得。相敏检测仪能分别检测 U_3/U_1 的实部和虚部，之后由记录仪分别记录 ε_f' 和 ε''_f（或 $\tan\delta$）随频率变化的介电频谱。

（2）相位比较法。电桥法测量 ε' 和 ε'' 的量程范围不大，在测量温谱时，ε'

和 ε'' 的变化范围很大，这时用相位比较法容易达到要求。图 4-10 是用相位比较法测量 ε' 和电导率 γ 的原理图（$\tan\delta$ 与 γ 成比例，γ 随温度呈指数式上升，在高温下 $\tan\delta$ 主要取决于 γ）。这种方法运用相敏检波技术，通过一个与电压 U_0（施加于样品的电压）同相，另一个与 U_0 相差 $\pi/2$ 的参考信号，将通过样品的电流分解成两个部分，即与 U_0 同相的 I_R（锁定 R）和与 U_0 相差 $\pi/2$ 的 I_C（锁定 C），于是有

$$\gamma = I_R \frac{d}{u_0 A} \qquad\qquad (4-23)$$

$$\varepsilon' = I_C \frac{d}{u_0 \omega \varepsilon_0 A} \qquad\qquad (4-24)$$

式中：A 表示样品面积；d 表示样品的厚度；ω 表示 U_0 的角频率；I_R 与 I_C 可以用 γ 与 ε' 来表示，γ 与 ε' 可以在记录仪上读取。

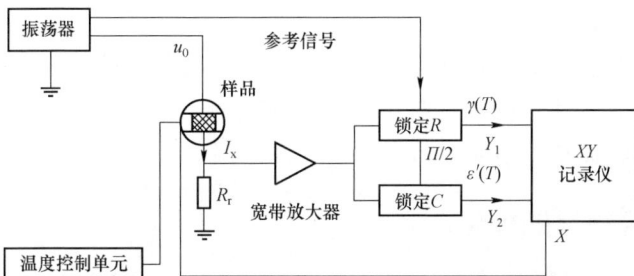

图 4-10　相位比较法测介电温谱的原理图

3. 介电谱测量精度的影响

（1）电极与试样的影响。类似于材料的电阻测量，材料介电系数与损耗角正切值测量也采用二电极系统或三电极系统。可能影响测量精度的因素有边缘电容、对地电容、耦合电容以及接线电阻和电感等。例如，利用金属箔作电极时，电极与试样间存在一层凡士林油元素黏结物质，会发生夹层极化和损耗；当电极材料的电导率不够高时，会引入一附加串联电阻形成附加损耗。

对于采用二电极系统的固体材料测试时，除了极间电容 C_X 外，还存在边缘电容 C_e 和对地电容 C_g 的影响。可采用适当的公式进行修正。例如，在电极厚度 a 远小于试样厚度 t，且：

1）电极直径等于试样直径时

$$C_e = (0.029 - 0.059 \lg t)P \qquad\qquad (4-25)$$

2）电极直径小于试样直径时

$$C_e = (0.010\varepsilon'_X - 0.058\lg t + 0.010)P \qquad (4-26)$$

式中，边缘电容 C_e 的单位为皮法（pF），电极周长 P 的单位为厘米（cm），试样厚度 t 的单位为厘米（cm），试样相对介电系数近似值 ε'_r 为无量纲。在低频下测量采用三电极系统，增加的保护电极可消除表面漏电流和减弱边缘效应的影响，但在计算相对介电系数时必须采用有效面积。

（2）测试条件的影响。测试电压大小、频率高低、温度和湿度等测试条件，对材料的介电性能大都有影响。例如，测试电压从提高测量灵敏度考虑应大些，但不应发生局部放电，否则损耗角正切值 $\tan\delta$ 偏大。又如，温度的提高会使材料的极化松弛时间下降，而湿度的增大会导致水分附着在材料表面或进入体内而使电导增加，因此 $\tan\delta$ 也增大。一般规定标准测试条件为：温度（20±5）℃，相对湿度 65%±5%。程序升温时，升温速率不能太快，以便样品内外温度能平衡，满足准静态温度条件。

当测试频率较高时，连接导线的电感和分布电容会对电容量的测量有一定影响，而高频下的集肤效应使得引线电阻急剧增大，这与连接点的接触电阻一起，明显影响损耗角正切值 $\tan\delta$ 的测量。

四、绝缘材料的极化

对绝缘材料来说，在电场作用下，其内部的正、负束缚电荷发生偏移或偶极分子转向，出现宏观偶极距，称为绝缘材料的极化。与绝缘材料相关的介质极化主要有电子位移极化、离子位移极化、偶极子转向极化和界面极化等。研究极化现象有利于从微观机制上揭示绝缘材料的宏观介电性能。

（1）电子位移极化。电子位移极化是在电场作用下原子或分子的电子云相对原子核发生偏移而引起的感应偶极距。任何电介质都能发生电子位移极化。电子位移极化所需的时间极短，为 $10^{-14}\sim10^{-16}$s，频率可达光频。

（2）离子位移极化。对于包含由离子组成分子的绝缘材料，其内部存在正离子和负离子。在电场作用下，除电子位移极化以外，正离子和负离子将产生弹性位移，形成感应偶极距，即发生离子位移极化。离子位移极化响应时间与离子的固有振动周期相关，约为 10^{-12}s，属于红外频率段。此外，离子位移极化会引起铁电效应，使铁电体发生位移性相变。

（3）偶极子转向极化。由于一些材料由具有永久偶极距的极性分子组成，在外部温度或电场作用下，偶极子将发生转向，形成宏观偶极距，即发生偶极子转向极化。偶极子转向极化所需响应时间仍然较快,其频率范围在工频到吉赫范围。偶极子转向极化也会引起铁电效应。

(4)界面极化。界面极化主要发生在复合绝缘材料或结构中。由于不同材料的介电常数不同,正、负电荷将在分界处积聚,形成偶极子,在电场作用下形成感应偶极距。由于需要电荷积累,界面极化所需的响应时间较长,一般发生在工频及以下频率范围。

五、介电频谱测量过程中电力电缆的极化变化过程

从高频段开始,随着频率的减小,转向极化逐渐与外施电场变化频率相接近,极化过程进行的逐渐充分,因此,转向极化损耗逐渐增加,随着频率的继续减小,当转向极化能完全跟上外施电场频率时,转向极化损耗不再增加。当频率继续减小时,界面极化开始占据主导地位,损耗继续增加。对于老化初期的电缆试样,绝缘中的非极性键较多,极化强度较小,随着老化时间的增加,老化程度增大,部分大分子链断裂降解为具有极性的小分子链,增强了极化过程。这些产物的出现又强化了介质内电荷的积累,使得降解更加严重,极化过程更加强烈,损耗变大。

六、电力电缆介质损耗的表达式

绝缘的介质损耗为外施电场强度下绝缘消耗的有功功率 P_r 与无功功率的 Q_c 比值,是绝缘的电导和极化作用引起的电能和热能的转化。一般用介质损耗角正切值表示,即

$$\tan\delta = \frac{P_r}{Q_c} \qquad (4-27)$$

七、频域介电谱法与阻抗谱法研究现状

频域介电谱法是测量试样在不同频率的交流电压作用下的极化响应。FDS测试将介质损耗角正切值的测量扩展到低频和高频领域,能够表征介质在不同频率下的电导与极化过程。电介质的损耗角正切值随频率的变化与其自身的介电性能密切相关,因此,介质的绝缘性能可以通过分析其频域介电谱来推断。Fothergill 和 Dissado 等学者测试不同温度下 XLPE 试样的频域介电谱,发现随着温度上升,试样介质损耗角正切值下降。Boukezzi L 和 Boubakeur A 等人通过测量不同老化时间下的交联聚乙烯材料介质损耗角正切值,发现热老化会引起交

联聚乙烯的介质损耗角正切值增加，老化时间越长，介质损耗角正切值变化越大，并且这种变化与载流子迁移率密切相关。Morsalin 等人对 XLPE 电缆绝缘的频域介电谱进行分析，提出介质低频区域的介电特性主要受电导损耗影响，高频区域的介电特性主要受到极化损耗影响。Haque 和 Arup Kumar Das 等人对不同含水量的电缆进行频域介电谱测试，通过回归分析发现介质损耗角正切值与含水量之间存在相关性，可以通过对介质损耗角正切值的回归分析估计电缆的含水量。重庆大学的梁韵等人对交联聚乙烯材料进行加速热老化实验，对不同老化时间的频域介电谱曲线进行对比，发现老化后介质损耗角正切值增加，并且频率越低增加越明显。周利军等人对不同劣化程度的 XLPE 试样的介电谱进行处理，论证了用介电常数偏导随频率变化曲线的峰值偏移量评估电缆绝缘的劣化状态的可行性。西安交通大学的赵艾萱、陈曦等人从机理上对频域介电谱法测量进行分析，并对老化后的电缆进行频域介电谱测试，发现 0.1Hz 超低频介质损耗测试能够识别电缆的整体受潮。华北电力大学的王晓威等人对 XLPE 电缆进行整体和局部老化，并对低频介质损耗测试和频域介电谱进行对比，发现低频下频域介电谱能够反应电缆整体老化，但不能反映局部老化，虽然可以通过提取非线性度等参数对整体老化和局部老化进行区别，但无法准确诊断电缆局部缺陷。

综上所述，频域介电谱对 XLPE 电缆检测技术是目前国内外研究的热点，但是仍存在一些问题。目前，国内使用的介电谱检测设备主要是瑞典 Omicron 公司的 Dirana 介电响应分析仪和奥地利 Megger 公司的 IDAX－300 介电谱分析仪，设备尚未国产化；而且频域介电谱法主要应用在油纸绝缘设备较多，在 XLPE 电缆应用上起步较晚，发展较慢。频域介电谱对电缆整体性缺陷反应较灵敏，对长电缆的局部缺陷则无法有效进行表征。利用低频区介电谱对电缆绝缘状态评估研究较少，尚未被大规模应用到实际检测中。

频域介电谱法能有效地反映电缆整体的绝缘状态，但是在 1Hz 以下的频率测量时间较长，而且无法进行识别占整体比例较小的局部缺陷。相比之下，电缆频域阻抗谱测量速度快，对电缆的局部缺陷诊断灵敏，因此，在近些年被广泛地用于电缆的老化诊断和缺陷定位。

2003 年，挪威 Halden 核电站率先开发出基于宽频阻抗谱技术的线性共振分析（line resonance analysis，LIRA）法，用于对电缆局部老化的诊断定位。通过阻抗分析仪测量电缆输入阻抗随频率变化的曲线，可以获取电缆运行的特征参量，将数据用其保密算法处理即可实现对电缆局部故障诊断定位。线性共振分析法输入电压较低，不会损伤电缆，并且可以检测出电缆局部微弱的绝缘劣化。

但是，从已经公开的文献可知，该方法忽略了电缆电阻和电导在高频下的频变效应，在实际应用中诊断结果时常存在偏差，并且其核心技术仍处于保密阶段，因此，LIRA 对电缆老化的诊断定位存在一定的局限性。2008 年，日本的 Yoshimichi Ohki 院士最早将快速傅里叶反变换（inverse fastfourier transform，IFFT）法与宽频阻抗谱技术相结合，用于电缆的缺陷诊断定位。其测试结果表明，经过局部老化处理的低密度聚乙烯电缆的曲线畸变程度与老化程度呈现正相关。2013 年，Olfa Kanoun 教授基于遗传算法的全局优化技术解析出电缆二端口网络特征参数与频率关系，并利用该参数建立了传输线模型。这种新方法能够定位电缆故障位置，并识别电缆局部故障的类型。2015 年，华中科技大学的周志强研究了局部缺陷对电缆分布参数的影响，并在模型建立时考虑了电缆分布参数的频变效应，结合传输线理论对电缆首端输入阻抗谱进行分析。结合粒子群算法，从测量得到的电缆频域阻抗谱中提取缺陷段特征参数，实现了对电缆局部缺陷程度的评估。2020 年，Jineeth Joseph 和 Sindhu T.K 等学者测量绝缘中含有不同大小空腔的电缆频域阻抗谱，建立与频率相关的电缆高频参数模型，以分析绝缘中出现空腔时的阻抗变化。根据频域阻抗谱变化进行定位并对绝缘缺陷的严重性进行评估，通过对含有不同位置和不同大小空腔电缆阻抗谱对比，发现其提出的缺陷严重性指数与故障位置无关，仅与故障大小有关。2021 年，李蓉、周凯等人对电缆分布参数进行分析研究，用阻抗分析仪测量含有局部铜屏蔽层破损与局部热老化两种局部缺陷的电缆样品的频域阻抗谱，结果表明含有容性局部缺陷的频域阻抗谱会向右偏移，含有感性缺陷的频域阻抗谱会向左偏移，根据这种特性可以实现对电缆局部缺陷类型的识别。2022 年，Han T 等人发现电缆的分布电容会随着电树的生长而减少，并且其大小与电树枝的形状有关，并基于宽频阻抗谱理论，通过改变入射信号的脉冲宽度提高了电缆缺陷定位的灵敏度。

尽管频域阻抗谱在 XLPE 电缆局部缺陷诊断上已经取得了一定的进展，但是目前仍存在很多问题。电缆局部缺陷诊断仪器被国外所垄断，且其核心技术仍处于保密阶段。而国内电缆阻抗谱诊断技术的相关研究尚处于起步阶段，相关研究较少，目前还缺乏有关阻抗谱与不同电缆局部缺陷内在关系的研究，并且缺乏相关理论支持。并且在研究电缆分布参数时，未考虑频变效应，所得出模型并不准确。基于阻抗谱的电缆局部缺陷的类型识别和缺陷程度评估，仍然需要大量的理论和实验研究。

第二节　宽频介质损耗测量技术

一、测量案例

现代介电谱测量技术已能测量频率为 $10^{-6}\sim10^{12}$Hz，温度为 $-160\sim400$℃范围的介电谱。常用介电谱测量仪器包括介电阻抗分析仪、微波网络分析仪、傅里叶相关分析仪、准光学干涉仪和西林电桥等，且各种仪器有着诸多型号，如 IDAX300 集成介电谱测试仪、Novocontrol 宽频介电阻抗谱仪、DIRANA 介电响应分析仪和 RVM 测试仪等。

介电阻抗分析仪可以测量复数电阻随测试频率的变化，它的原理是通过相敏检测，同时测量器件在扫频测试过程中的电流和电压。阻抗分析仪的主要参数分别是频率范围、阻抗范围、阻抗幅值的精度和相位精度。还包括测量速度，以及在测试中施加电压或者电流偏置的功能。由复阻抗可以计算得到复介电常数，并由此得到介质损耗角正切值（$\tan\delta$）。

陕西理工大学的张瑞祥在对电力电缆本体和中间接头中的缺陷及其所引发的电场畸变开展研究的过程中，通过 Novocontrol 宽频介电阻抗谱仪对不同老化时间的 35kV 交联聚乙烯电缆本体及其中间接头试样进行测试，得到在不同热老化程度下两种材料的相对介电常数和电导率数值。

图 4-11 所示为宽频介电谱测试系统的等效电路图，其中 C_s 表示杂散电容，C_{edge} 表示边缘电容。在进行测试之前，需要对绝缘样品进行喷金处理，以确保绝缘样品两面和电极之间能够有效地贴合。在测试过程中，使用交流小信号电压，对试样两端加入幅值为 1V 的电压，并在频率范围为 0.1～106Hz 内进行试验。

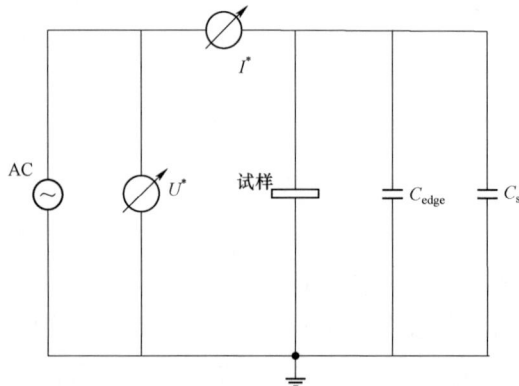

图 4-11　宽频介电谱测试系统等效电路图

太原理工大学的李蔚等人在研究用三元乙丙橡胶在拉伸状态下电缆绝缘的介电频谱时，通过 Novocontrol 宽频介电阻抗谱仪对不同温度和拉伸比条件下 EPDM 的介电频谱进行测量，得到了 EPDM 的介电频谱图以及介质损耗角等数据。

图 4-12 中使用了 Novocontrol Concept 80 宽频介电谱测量系统，测量电压为 3V，测量频率范围为 $10^{-2} \sim 10^6$Hz。为了确保测量结果的稳定性，并保持不同样品的温度及拉伸比的准确性和一致性，实验中将测量端的两极通过屏蔽线引入温控箱中。温控箱的控温精度为 ±1℃。在进行测量之前，首先将样品拉伸至特定的拉伸比，并置于温控箱中。待温控箱温度达到设定温度后，稳定 30min 后再进行测量。这样的设计有助于确保实验结果的可靠性。

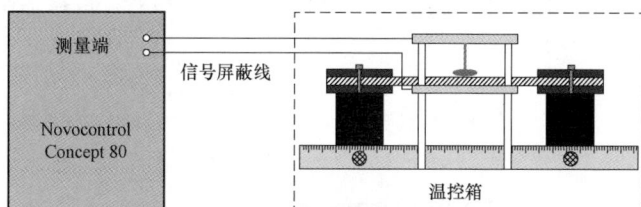

图 4-12　介电谱测量系统 1

同样来自太原理工大学的王业等人在测量挤压应力和热应力共同作用下三元乙丙橡胶的介电频谱时，也用到了 Novocontrol 宽频介电阻抗谱仪，得到了不同温度和挤压应力下的 EPDM 的介电频谱图。介电谱测量系统如图 4-13 所示。

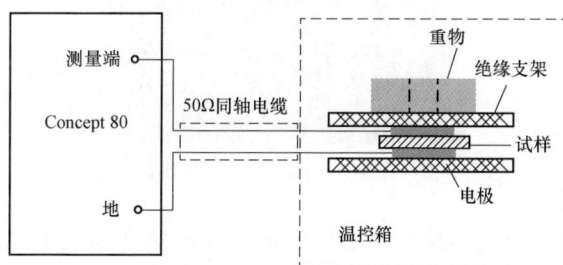

图 4-13　介电谱测量系统 2

为了在测量过程中同时施加温度和挤压应力，实验中使用了 50Ω 同轴电缆将测量端和接地端引入温控箱中。温控箱的控温精度为 ±1℃。为了避免温度和挤压应力突然施加对测量结果的不确定性影响，实验在样品施加挤压应力并使温度达到预定值后，稳定 30min 后再开始测量。这样的设计保证了测量的准确性并排除了瞬时不确定性的影响。

云南电力试验研究院的文华团队在利用 XY 模型研究变压器主绝缘系统的频域介电谱特性时，通过 DIRANA 介电响应分析仪对在室温下静置 1 个月的变压器模型进行测试。

在试验过程中交流激励电压峰值为 100V，测量频带范围为 $10^{-3} \sim 10^{3}$Hz，利用 DIRANA 介电响应分析仪测得的变压器实验模型的介电谱与 XY 模型仿真所得结果具有较好的一致性，说明了 DIRANA 介电响应分析仪测量的准确性。

沈阳农业大学的任万利及其团队利用 DIRANA 设备建立了一个介电响应测试平台，用于对环氧树脂样本进行频域介电响应测试和温度介电响应测试，如图 4-14 所示。通过分析得到的介电响应谱图，研究了介质损耗角正切值 tanδ 与温度、频率之间的关系，并利用最小二乘法进行曲线拟合。根据 Arrhenius 方程，计算出了样本的活化能。

图 4-14　带温控的频域介电响应测试平台

在测试过程中，DIRANA 测试仪的输出线连接到高压电极，输入线连接到测量电极，而保护电极则接地。最高电压限制在 100V，实验电流非常小，从而确保了实验的安全性。为了排除环境干扰对频域介电响应测试的影响，测试过程完全在封闭的温控箱中进行。这种封闭环境的设计有助于减少环境因素对实验结果的干扰。

哈尔滨理工大学的王海阳搭建 XLPE 电缆局部老化及故障的高频阻抗谱测试平台，并制作含有局部热老化、局部铜屏蔽破损、高阻故障和低阻故障的电缆，利用 Agilent 4294A 阻抗分析仪测量不同局部缺陷下电缆首端阻抗谱，进一步验证高频下首端输入阻抗谱对不同局部缺陷诊断的可行性和有效性。

电缆阻抗谱具体测试步骤如下：

（1）将 Aglient 4294A 阻抗分析仪与 16047E 型测试夹具连接，初始化阻抗分析仪的系统参数，对 16047E 夹具进行开路和短路补偿，以消除夹具和设备内阻对测试的影响。

（2）设置扫频起始频率和截止频率，设置采样点数和采样带宽。受设备采样点数限制，为保证测量精度，将 100kHz～10MHz 分成两段进行测量，使测试频率间隔为 6250Hz。

（3）连接待测试电缆样品，进行测试；测量完成后将测量数据存储并导出到计算机中，绘制阻抗谱并进行分析。在制备每个局部缺陷样品之前，应首先对未受损的电缆进行阻抗谱测试，以便进行后续的对比分析。

二、宽频介质损耗测量所用的仪器

1. Novocontrol 宽频介电阻抗谱仪

Novocontrol GmbH 是德国一家专业的电介质频率谱、阻抗谱、温度谱等电介质材料物理量测量仪器的生产厂家，创立于 1980 年，其与马克思·普朗克科学促进学会多聚体研究所的科学家们联合开发研制出先进的全系列宽频介电阻抗谱仪（介电谱）。

Novocontrol 的介电谱仪可以通过与 Keysight 高频分析仪的完美结合达到极宽的频率范围（3μHz～3GHz）；能灵敏地测量极低电导率和极低损耗的材料（分辨率可达 10^{-5}）；具有极宽的阻抗分析范围（10mΩ～100TΩ）；不但可以测量各种固体、薄膜材料，还可以测量液体、粉末等样品材料；其自主研发的全自动在线控制软件可以实时进行多达三十多种不同参数的测量与分析。

三种不同温度范围的精确温度控制系统，可以满足不同电介质材料测量时对温度范围和控温精度的不同要求，另外还提供温度高达 1200～1600℃的高温炉系统，用于研究电介质材料在高温条件下的介电性能。

Novocontrol 不但可提供完整的电介质参数测量系统，也可根据客户的需求提供相应的部件，例如阻抗分析仪、样品架、温度控制系统和分析软件等。也可以为用户测量一定数量的实验样品。

Novocontrol 宽频介电阻抗谱仪不仅是实验室开发和研究新材料的重要测量手段，也是生产质量控制和优化生产工艺的强有力的工具。Novocontrol 宽频介电阻抗谱仪广泛应用于化学、物理化学、电化学、电子、电工工程、半导体、材料科学、生物学和制药等领域，特别是聚合物、树脂、陶瓷、橡胶、玻璃、液晶、石油、悬浮体以及半导体晶片及器件等的研究。目前其用户已遍布全世界，包括多个国家的科研院所和 400 多家国际著名企业。

图 4-15 为介电谱测量原理图，通过改变电压发生器输出电压的频率和试样的温度，测量不同频率和温度下试样上的电压 $U^*(\omega)$ 和电流 $I^*(\omega)$，从而计算得到试样的复阻抗 $Z^*(\omega)$ 为

$$Z^*(\omega) = \frac{U^*(\omega)}{I^*(\omega)} \tag{4-28}$$

式中：$U^*(\omega)$ 和 $I^*(\omega)$ 分别为试样上的电压和电流，可以通过 U_0、I_0 和 φ 求得；ω 为角频率。

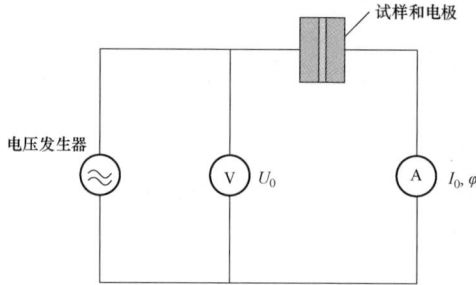

图 4-15　介电谱测量原理图

根据复阻抗可分别计算出试样的复介电常数 $\varepsilon^*(\omega)$ 和复电导率 $\sigma^*(\omega)$，从而得到不同温度下介电常数或电导率与频率的关系，即

$$\varepsilon^*(\omega) = \frac{1}{j\omega Z^*(\omega)C_0} \tag{4-29}$$

$$\sigma^*(\omega) = \frac{d}{Z^*(\omega)A} \tag{4-30}$$

式中：C_0 为相同电极结构下，电极周围为真空时的电容；d 和 A 分别为电极的间距和面积。

其中复介电常数 $\varepsilon^*(\omega)$ 可以表示为

$$\varepsilon^*(\omega) = \varepsilon' + j\varepsilon'' = \varepsilon_\infty + \frac{\varepsilon_s - \varepsilon_\infty}{1 + j\omega\tau} \tag{4-31}$$

式中：ε_s 和 ε_∞ 分别为复介电常数实部 $\varepsilon' \to 0$（静态）和 $\varepsilon'' \to \infty$（光频）的极限值；

τ 为德拜弛豫时间，与出现弛豫峰值时的频率 ω_p 相关，即 $\omega_\text{p} = 2\pi f_\text{p} = 1/\tau D$。

由此可得到复介电常数实部、虚部和介质损耗角正切值（$\tan\delta$）与频率的关系分别为

$$\varepsilon'(\omega) = \varepsilon_\text{r} + \frac{\varepsilon_\text{s} - \varepsilon_\infty}{1 + \omega^2 \tau^2} \tag{4-32}$$

$$\varepsilon''(\omega) = \frac{(\varepsilon_\text{s} - \varepsilon_\infty)\omega\tau}{1 + \omega^2 \tau^2} \tag{4-33}$$

$$\tan\delta = \frac{\varepsilon''}{\varepsilon'} = \frac{(\varepsilon_\text{s} - \varepsilon_\infty)\omega\tau}{\varepsilon_\text{s} + \varepsilon_\infty \omega^2 \tau^2} \tag{4-34}$$

由式（4-34）可知，复介电常数虚部 ε'' 为极化引起的能量损耗，常用介质损耗角正切值（$\tan\delta$）来表示，ε'' 正比于乙丙橡胶每周期的能量损耗。

由此可得理想化的介电频谱如图 4-16 所示。

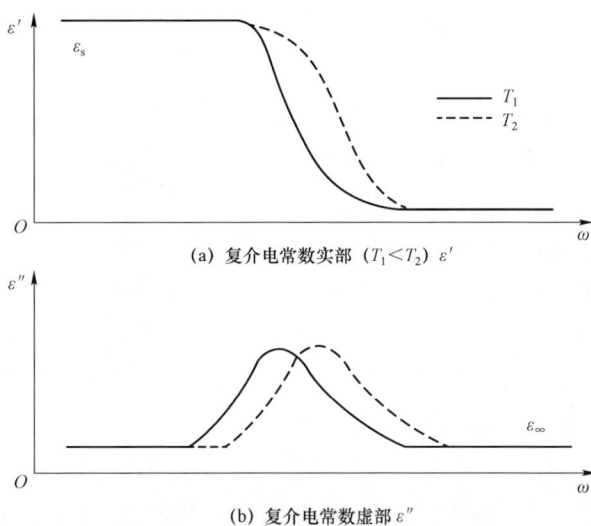

(a) 复介电常数实部（$T_1 < T_2$）ε'

(b) 复介电常数虚部 ε''

图 4-16　理想化的介电频谱

由介电频谱可知，随着频率升高，出现弥散现象，即复介电常数虚部出现极大值，复介电常数实部呈阶梯状下降。同时，随着温度升高，弥散区域向高频方向移动。因此要准确分析样品的特性，对阻抗分析仪的要求非常高，测量结果的质量及有效性大大依赖于仪器的性能。

实际应用中，一般大家的着眼点不仅在于获得特别高的精度，同时更希望能以全自动的方式来测量复阻抗 $Z^*(\omega)$、介电常数 $\varepsilon^*(\omega)$ 或电导率 $\sigma^*(\omega)$。

除了频率范围，阻抗范围、损耗精度 $\tan\delta$ 及相位差精度也是非常重要的性

能参数。

该公司有两种类型的分析仪,分别为低频分析仪和阻抗分析仪。

低频分析仪频率小于 40MHz,主要有 Alpha 和 Beta 阻抗分析仪两个系列。其公共特点如下:

(1)量程:阻抗分析范围为 $0.01 \sim 10^{14}\,\Omega$,$\tan\delta > 3 \times 10^{-5}$。

(2)结合一般阻抗分析仪和电介质测量系统的特性,提高了 $\tan\delta$ 的精度。

(3)可很方便地测量几乎所有材料及成分,测量宽频低损耗电介质,如聚乙烯。

(4)使用软件 WINDETA。

其中,Alpha 系列是双线输入的单用途高性能介电/阻抗分析仪,Beta 系列是四线输入的单用途高性能介电/阻抗分析仪。

阻抗分析仪主要为 Alpha–A 系列,其特点为:

(1)量程:阻抗分析范围为 $0.001 \sim 10^{15}\Omega$,$\tan\delta > 3 \times 10^{-5}$。

(2)结合一般阻抗分析仪、电介质和电化学测量系统的特性,提高了 $\tan\delta$ 的精度。

(3)可很方便地测量几乎所有材料及成分,测量宽频低损耗电介质,如聚乙烯。

(4)支持一系列高性能特殊功能 testinterfaces,如集成 activesamplecell,四通道高阻抗测量、高电压/高电流测量。

NovocontrolGmbH 还单独提供一整套解决方案 TUrnkeySystem,其在 3μHz~3GHz 频率范围内,可直接测量复阻抗,并由此计算出材料的其他介电参数,如复介电常数、复电导率等;在 1MHz~3GHz 频率范围内,可测量磁导率;低于 1MHz,可结合压力–温度控制系统和高温(1600℃)控制系统以及增加热激励去偏极电流(TSDC)测量和时域测量等。

对于 TUrnkeySystem 还有两套单独的系统,即 BDS 系统和 Concept 系统。

(1)BDS 系统。无温度控制系统(见图 4–17),包括 Alpha 或 RF 阻抗分析仪、样品架、DETACHEM–WInFIT 软件、计算机、GPIB 卡、显示器、打印机,参数见表 4–2。

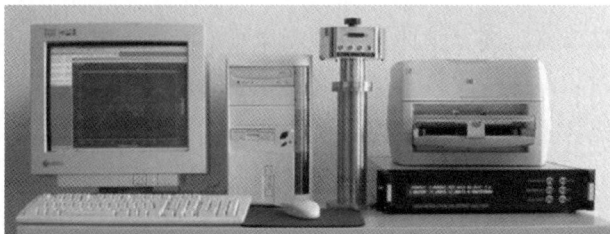

图 4–17 无温度控制系统

表 4-2   **BDS 系 统 参 数**

具体型号	BDS10、20、40、50	BDS70、80
测量电压/电流	0～3V（均方根值）/70mA	0～1V（均方根值）/100mA
直流偏置电压/电流	±40V/70mA	±40V/100mA
阻抗范围	0.01Ω～100TΩ	0.1Ω～100kΩ
电容范围	0.001pF～1F	0.01pF～1μF
型号	频率范围	样品架
BDS10	3μHz～300kHz	BDS1200
BDS20	3μHz～3MHz	BDS1200
BDS40	3μHz～20MHz	ZGS 主动
BDS50	3μHz～40MHz	ZGS 主动
BDS70	1MHz～3GHz	BDS2200
BDS80	3μHz～3GHz	ZGS 主动 + BDS2200

（2）Concept 系统。基于 BDS 系统，增加了温度控制系统，参数见表 4-3。

表 4-3   **Concept 系 统 参 数**

型号	频率范围	控温精度（℃）	温度稳定性（℃）	最大加热冷却速率（℃/min）	样品架
Concept10	3μHz～300kHz	−160～+400	±0.01	30	BDS1200
Concept20	3μHz～3MHz	−160～+400	±0.01	30	BDS1200
Concept40	3μHz～20MHz	−160～+400	±0.01	30	ZGS
Concept50	3μHz～40MHz	−160～+400	±0.01	30	ZGS
Concept70	1MHz～3GHz	−160～+400	±0.01	30	BDS2200
Concept80	3μHz～3GHz	−160～+400	±0.01	30	ZGS＋BDS2200
Concept11	3μHz～300kHz	−100～+250	±0.1	20	BDS1200
Concept21	3μHz～3MHz	−100～+250	±0.1	20	BDS1200
Concept41	3μHz～20MHz	−100～+250	±0.1	20	ZGS
Concept51	3μHz～40MHz	−100～+250	±0.1	20	ZGS
Concept71	1MHz～3GHz	−100～+250	±0.1	20	BDS2200

型号	频率范围	控温精度 （℃）	温度稳定性 （℃）	最大加热冷却速率 （℃/min）	样品架
Concept81	3μHz～3GHz	−100～+250	±0.1	20	ZGS+BDS2200
Concept12	3μHz～300kHz	+20～+400	±0.1	30	BDS1200
Concept22	3μHz～3MHz	+20～+400	±0.1	30	BDS1200
Concept42	3μHz～20MHz	+20～+400	±0.1	30	ZGS
Concept52	3μHz～40MHz	+20～+400	±0.1	30	ZGS
Concept72	1MHz～3GHz	+20～+400	±0.1	30	BDS2200
Concept82	3μHz～3GHz	+20～+400	±0.1	30	ZGS+BDS2200

ConceptX0——温度范围：−160～+400℃。

ConceptX1——温度范围：−100～+250℃。

ConceptX2——温度范围：+20～+400℃。

2. DIRANA 介电响应分析仪

DIRANA 是该行业唯一一款采用这种组合方式，以及高级极化与去极化电流版本（即 PDC+）的装置。该优势可确保它在最短时间内测量任何环境温度下的全部设备。

（1）轻松的自动化水分分析。DIRANA 无须油品取样即可测定油纸的水分含量。它将频域频谱法（FDS）和极化与去极化电流法（PDC+）集于一体。通过与自动频率范围设置结合，DIRANA 可确保在短时间内测量任何温度下的所有设备。这款易于使用的软件拥有自动分析功能，无须知识即可使用。

（2）一次测量—多个实用结果。一次 DIRANA 测量不仅能提供设备的水分含量和油电导率，还能得出更多实用参数，如：

1）系统频率下的功率/介质损耗因数。

2）电容。

3）绝缘电阻。

4）极化指数（PI）、DAR……

（3）一个设备箱轻松完成测试。DIRANA 只有一个设备箱，其中包含所需的所有部件，如图 4-18 所示。因此，测试非常轻松并且装置易于运输。其拥有简单的接线和概念夹，同时配备集成式防护连接，因此能够轻松、快速地完成测试设置。

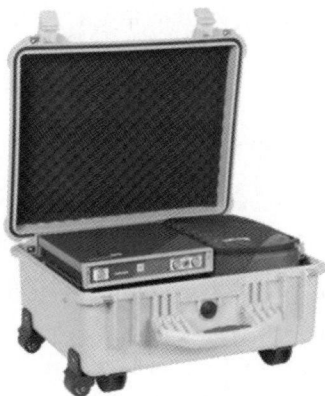

图 4-18　DIRANA

此外该产品有以下特点：

1）具备 3 路测试通道，各路通道可根据被测设备情况，自由配置为高压输出/低压输入。

2）其 3 路通道均可测量电压和电流，可同时测量 3 路变压器高中低绕组对地介质损耗。

3）时域 PDC 法与频域 FDS 法相结合，可在短时间内测试全频域范围内介质损耗曲线。

4）对测试曲线自动进行分析，确定绝缘材料的水分含量，以非破坏式的方法评估设备受潮情况。

5）采用 36V 10Ah 大容量锂电池供电，无须外接电源，功耗低，待机时间长，可便携式使用。

6）保护功能齐全，具有过电流、短路、过热、电缆脱落等保护功能。

7）主机通过无线通信与手持移动终端或笔记本电脑连接，实现了无线智能操控，测试过程安全便捷。

8）提供支持 Windows 系统的客户端和支持 Andriod 终端的 APP 软件，且两种客户端数据相互兼容。

9）支持硬件独立工作模式，在无 APP 软件的情况下可手动开启装置进行测试并将测试记录导入至 U 盘。

（4）电介质频率响应（DFR）分析。绝缘材料的介质损耗角正切值可通过较宽的频率范围测量（从 μHz 到 kHz）。之后，所得到的曲线可给出关于绝缘状态的信息。

121

低频段包含关于固体绝缘材料水分的信息，中频段的斜率位置表示液体绝缘材料的电导率。此曲线将自动与模型曲线作比较，从而计算出纤维绝缘材料的水分含量。

此方法是 CIGRÉ 批准的科学方法。目前尚无其他非侵入式方式用于评估变压器中的水分，并提供可比度。

（5）曲线分析和评估。DFR 测量为用户提供系统频率下的功率/耗散因数值，而且精确度可与高压测试仪不相上下。此外，其还可以帮用户确定过高的介质损耗值是否由水、劣质油和套管造成，或者是否由烟灰、腐蚀性硫或局部碳化斑点等其他因素造成。

评估将按照 IEC 60422 标准执行，此标准对水分含量进行了分类。

DIRANA 是一款可对老化生成物影响进行补偿的设备。否则，这些生成物会导致老化变压器中的水分含量被过高估计。

（6）综合优势。DIRANA 使用 FDS 和 PDC＋两种测量方法，并将它们的优势集于一身：

1）频域频谱法（FDS 法）可在高频范围内快速地工作，但在低频范围内反应缓慢。

2）通过极化与去极化电流（PDC）实现的时域频谱测量方法，可使用直流步进装置同时测量所有频率，但仅用于较低频率。PDC＋是一种独特的 PDC 测量方法，可大大缩短测量时间，并提高压并联电抗器干扰度。DIRANA 借助 FDS 进行高频谱测量，通过 PDC＋进行频率低于 0.1Hz 的测试测量。

补充：

1）PDC 法。PDC 法是一种时域的介电响应测量方法。它利用电介质材料在直流电压下的极化特性获得 PDC 曲线，研究 PDC 曲线变化和老化/含水量程度的关系。PDC 法的原理：当直流电压施加到绝缘电介质上时，电介质内部发生极化，内部电偶极子定向排列，形成极化电流；去掉直流电压并短接两极后，极化电荷由定向排列逐渐变为无序状态，产生去极化电流。

PDC 法由于设备简单、操作方便、反应信息量大等特点在电缆测试中逐渐得到广泛应用。PDC 法通过测量试品在阶跃电压作用下的充电电流和松弛状态下的放电电流来判断试品的绝缘状态，其测量原理如图 4−19 所示。图 4−19 中的 U 为施加于试品的电压，i 为流过试品的电流，i_{pmax} 为极化电流最大值，i_{dmax} 为去极化电流最大值。

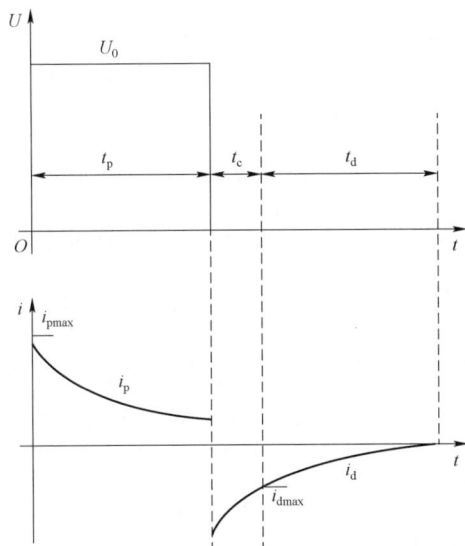

图 4-19　PDC 测量原理

　　具体的测量步骤包括：在充分放电的情况下，向被测试品施加极化时间为 t_p 的恒定激励电压 U_0，促使试品内部出现极化现象，并记录相应的极化电流 i_p；之后除去激励电压，并将试品短暂短路以消除表面电荷的干扰，短路时长为 t_c；再撤除短路，对试品设置去极化时间 t_d 进行放电，并记录去极化电流 i_d。

　　理论上，只要 PDC 法的测试时间足够长，该方法将包含足够多的介电响应信息，也由此衍生了等温电流衰减法（IRC），现有研究中多用此方法求解以聚合物为代表的绝缘材料陷阱深度。

　　根据多伦多大学教授 Simmons 的等温松弛理论，聚合物中的陷阱能级具有离散性及关于费米能级对称性，因而只需对费米能级以上电子占据的区域进行分析即可，具体为

$$\begin{cases} G_n(W,t) = e_n(W,t) \cdot e^{-e_n(W,t)t} \\ e_n = \nu e^{\frac{W_H - W_C}{k_B T}} \end{cases} \quad (4-35)$$

式中：$G_n(W,t)$ 为任意时间内陷阱发射的电子在整体电流中所占权重，呈现不对称"钟形"曲线的形式，其峰值对应的电子陷阱能级 $W = W_H$；e_n 为单位时间内陷阱电子激发概率；W_C 为导带的最低能级；ν 为电子临界逃逸频率；k_B 为波尔兹曼常数；T 为绝对温度。

　　W_H 会随着时间逐渐从导带底部向费米能级移动，而能级高于 W_H 的陷阱中电子会逃逸出来，能级低于 W_H 时电子还会暂时停留在陷阱中。因此绝缘材料呈

现的电子陷阱深度 W_T 也会随着时间而发生变化，即

$$W_T(t) = W_C - W_H = k_B \cdot T \cdot \ln(\nu \cdot t) \tag{4-36}$$

材料的去极化电流随时间变化公式为

$$i_d(t) = \frac{qLk_B T}{2t} f_0(W) \cdot N(W_H) \tag{4-37}$$

式中：$f_0(W)$ 为电子陷阱初始密度；$N(W_H)$ 表示陷阱能级的密度；q 为电子的元电荷量；L 为绝缘层的厚度。

将式（4-37）中两边同乘 t 后，左边即为时间和电流的乘积，这一乘积直接与反映 W_H 能级的陷阱密度分布情况的函数成正比例。因此随着 W_H 从导带底部到费米能级的"扫描"过程中，$i_d(t)$ 可间接表征相应能级的陷阱深度和密度。

2）FDS 法。FDS 法是在频域范围内研究介质的极化特性，又称频率响应法。通过在绝缘介质材料两端施加不同频率的交流电压信号，在介质中产生响应的电流信号，测量该响应电流信号的幅值和相位，结合电压信号的相关信息，计算绝缘材料的介质损耗、复电容及复介电常数等信息，这些信息与绝缘状态关系密切，通过这些信息可有效评估绝缘状态。

FDS 法可将常规试验中 50Hz 下的电容量 C_{50Hz} 测量和 50Hz 下的介质损耗角正切值 $\tan\delta_{50Hz}$ 测试从单一的工频频点，分别向低频和高频频段拓展，以期能够反映不同频率下的极化特性。相关设备通过检测流经试品的电流相位及幅值，以此确定该试品电压-电流相位差，最后求得其相应的介质损耗值，测量原理如图 4-20 所示。

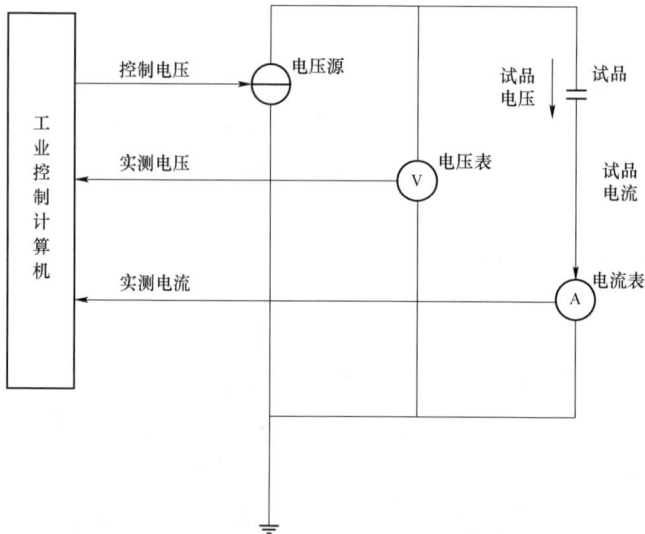

图 4-20　PDC 法测量原理

FDS 法主要测量的参量有介质损耗角正切值 $\tan\delta(\omega)$ 及介质的复电容 $C^*(\omega)$。介质复电容 C^* 定义见式（4–38）及式（4–39），只需知道 $\tan\delta$、C' 和 C'' 其中 2 个，就可根据式（4–40）得出另外 1 个参量。

$$Z = \frac{1}{\mathrm{j}\omega C^*} \tag{4-38}$$

$$C^* = C' - C'' \tag{4-39}$$

$$\tan\delta(\omega) = \frac{C''(\omega)}{C'(\omega)} \tag{4-40}$$

式中：ω 为角频率；Z 表示介质的输入阻抗；C' 和 C'' 分别表示复电容的实部和虚部，C' 反映介质的实际电容量，C'' 则与介质的电导和极化损耗有关。

对于实际绝缘介质，可通过测量不同频点的 $\tan\delta$、C' 等参数，作出 $\tan\delta$–f、C'–f 曲线，获得绝缘的频域介电特性，完成 FDS 法测量。

通过测得的 C^*–f 曲线可提取出极化率 χ^*，并得出 χ^*–f 曲线，然后通过 Cole–Cole 模型求解其特征量。目前，根据不同的数据处理方法，各研究者在频域下基于 Cole–Cole 模型逐渐发展出 Cole–Davidson 模型以及 H–N 模型，分别为

$$\chi^*(\omega) = \frac{\chi(0)}{1 + (\mathrm{j}\omega\tau)^{1-\alpha}} \tag{4-41}$$

$$\chi^*(\omega) = \frac{\chi(0)}{1 + (\mathrm{j}\omega\tau)^{\beta}} \tag{4-42}$$

$$\chi^*(\omega) = \frac{\chi(0)}{[1 + (\mathrm{j}\omega\tau)^{1-\alpha}]^{\beta}} \tag{4-43}$$

式中：$\chi(0) = \varepsilon_{\mathrm{s}} - \varepsilon_{\infty}$，表示频率为零时介质的静态极化率，通常也被写为 χ_{re}；α、β 为方程的形状参数，表示松弛时间的分散度，取值范围为 [0，1]；τ 为极化时间常数。

（7）DIRANA 介电响应分析仪优势。

1）始终保持较短的测量时间。将适于高频率测量的 PDS 与适于低频率测量的 PDC＋相结合，此专利原理有助于在极短时间内测试较宽的频率范围。

因此，DIRANA 的独有技术可确保准确地测量所需的频率范围。每次测量时，DIRANA 可自动测定各个测试参数，因此，用户无须具备特定知识即可使用 DIRANA。

2）测得参数后，所需的测量时间将自动更新。从 1kHz 到 10μHz，传统 FDS

法测量需要较长的时间，而 DIRANA 只需 30～105min 即可完成。

3）市场中较低的测试频率。根据 DIRANA 创新的测量概念，用户可对低至 10μHz 的频率执行高精度测量，这也是适于变压器分析的低频率范围。这样可确保测量所有设备，甚至包括具有特低油电导率的新变压器。

4）可靠评估。DIRANA 能够利用经过科学验证的数据库比较测量值。比较工作完全由软件自动执行，用户只需输入油温值。

自动评估功能可对温度、绝缘形状、油电导率及老化生成物等因素产生的影响进行补偿。

因此，即使是老化的绝缘材料，DIRANA 也能可靠地检测其水分。自动评估根据国际或用户定义标准执行。

3. Agilent 4294A 阻抗分析仪

阻抗分析仪是测量电子材料阻抗的仪器。根据不同的测试频率，阻抗分析仪可分为高频阻抗分析仪和低频阻抗分析仪。Agilent 4294A 阻抗分析仪是一款低频阻抗分析仪，其测试频率范围为 40Hz～110MHz。

该仪器采用四端测量技术，可以测量电阻、电感和电容等阻抗参数。其测试电压范围为 1mV～10V，测试精度高达 0.05%。该仪器还可以测试材料的温度特性、频率特性和阻抗特性等，可广泛应用于半导体材料、陶瓷材料、金属材料等领域。

（1）Agilent 4294A 阻抗分析仪的特点如下：

1）高精度测量：Agilent 4294A 阻抗分析仪采用先进的信号源技术和高精度测量技术，具有高精度的阻抗测量性能，可以在宽频率范围内实现准确的测量。

2）用频率范围宽的信号源，可以在 100Hz～110MHz 的频率范围内进行测量，可以对不同材料在不同频率下的阻抗进行准确测量。

3）稳定性和可靠性高：Agilent 4294A 阻抗分析仪采用先进的硬件和软件设计，具有高稳定性和可靠性，可以长时间稳定地运行，提高生产效率。

4）自动化程度高：该仪器具有自动测试、数据存储和数据分析等功能，可以大大提高测试效率和准确性，减少人工操作误差。

5）易于操作：Agilent 4294A 阻抗分析仪操作简单方便，用户可以快速上手，也可以通过控制面板进行手动操作，方便灵活。

（2）Agilent 4294A 阻抗分析仪操作步骤如下：

1）准备工作：在操作 Agilent 4294A 阻抗分析仪之前，需要准备好待测件、连接线、电源等必要的设备和配件，并确保仪器接地良好，避免静电干扰。

2）设置参数：根据待测件的特点和测试需要，在仪器上设置相应的频率范围、电压幅度等参数，根据测试需要还可以进行自动测试、数据存储和数据分析等设置。

3）连接待测件：将待测件按照说明书的要求连接好，注意连接线的正确性和稳定性，防止出现接触不良或信号干扰等问题。

4）开始测试：完成以上准备工作后，开启 Agilent 4294A 阻抗分析仪并开始测试。测试过程中要注意观察测试数据的变化情况，确保测试的准确性和稳定性。

5）数据处理：测试完成后，可以将测试数据导出并使用附带的软件进行数据处理，以得出待测件的阻抗性能指标和性能特点。

4. 矢量网络分析仪

（1）多功能加持：5 合 1。矢量网络分析＋EMI（电磁干扰）预兼容测试＋电缆故障定位和天线测量＋频谱分析仪＋调制分析＝SVA1000X 系列频谱&矢量网络分析仪。

在 EMI 诊断和 EMI 预兼容测试方面有丰富的功能和附件：

1）测试补偿（Correction），针对探头、天线等的频响补偿功能；

2）限制线判断（Limit），加载 EMI 国际标准限制线，或用户自定义限制线；

3）符合 CISPR 16 的 EMI 滤波器和准峰值检波器，可配置准峰值的测量驻留时间；

4）提供 SRF5030T 近场探头套装，针对空间辐射、线缆、印刷电路板（PCB）等查找干扰源；

5）提供 SEM5040A 人工电源网络，可进行单相设备传导骚扰电压测量；

6）EasySpectrUm 上位机软件，支持完整的 EMI 预兼容测试自动化实施流程。

（2）矢量网络分析。频率范围为 100kHz～7.5GHz：

1）支持幅度和相位响应同时测量，矢量 S_{11} 和 S_{21} 参数同时测量；

2）单端口方向 40dB，传输动态范围超过 70dB，支持端口扩展和可配的速度系数；

3）显示反射/传输系数、回波/插入损耗、相位、群时延、驻波比、史密斯圆图、极坐标圆图等多种格式；

4）电缆故障定位和天线测量，基于网络分析时域测量的电缆和天线参数测量分析，可完成电缆故障点定位，阻抗分析等功能；

5）配置 3.5GHz 范围 N 型机械校准件。

（3）调制分析，深度剖析调制信号。具备丰富的解调分析功能：

1）支持 AM/FM 模拟调制分析，以及 ASK/FSK/PSK/MSK/QAM 数字调试分析等复杂调制分析功能；

2）具备幅度和相位偏移误差、IQ 偏移误差、增益不平衡等多种数据分析能力；

3）具备眼图、星座图、相位图，属于频域、误差域等多种分析格式。

SVA1000X 系列参数见表 4－4。

表 4－4   SVA1000X 系列参数

型号	SVA1015X	SVA1032X	SVA1075X
频谱分析	9kHz～1.5GHz	9kHz～3.2GHz	9kHz～7.5GHz
矢量网络分析	10MHz～1.5GHz	100kHz～3.2GHz	100kHz～7.5GHz
分辨率带宽	1Hz～1MHz	1Hz～1MHz	1Hz～3MHz
显示平均噪声电平	－156dBm/Hz	－161dBm/Hz	－165dBm/Hz
单边带相位噪声	＜－99dBc/Hz	＜－98dBc/Hz	＜－98dBc/Hz
幅度准确度	＜1.2dB	＜0.7dB	＜0.7dB
跟踪发生器	5MHz～1.5GHz	100kHz～3.2GHz	100kHz～7.5GHz
矢量网络分析	Vector S11，Vector S21		
网络分析动态范围	90dB		
电缆故障定位	Distance to Fault		
高级测量功能	CHP，ACPR，OBW，CNR，Harmonic，TOI，Monitor		
矢量信号调制分析	AM，FM；ASK，FSK，MSK，PSK，QAM		
电磁兼容测试	EMI Filter and Quasi-Peak Detector，Log Scale and Limit Line		
触摸控制	Muiti Touch，Mouse and Keyboard supported		
通信接口	LAN，USB Device，USB Host（USB－GPIB）		
远程控制能力	SCPI/Labview/IVI based on USB－TMC/VXI－11/Socket/Telnet		
远程输入和输出	NI－MAX，Web Browser，Easy Spectrum software，File Explorer		
前面板			
射频输入，网络分析 2 口	50Ω，N 型阴头		

续表

跟踪源输出，网络分析 1 口	50Ω，N 型阴头		
USB Host	USB－A 2.0		
音频解调输出	3.5mm 耳机		
后面板			
USB Device	USB－B 2.0		
LAN	LAN（VXI11），10/100 Base，RJ－45		
外部触发输入	1kΩ，5V TTL，BNC 型阴头		
10M 参考输出	10MHz，＞0dBm，50Ω，BNC 型阴头		
10M 参考输入	10MHz，－5～＋10dBm，50Ω，BNC 型阴头		
远程控制			
远程控制接口	LAN，USB－TMC，GPIB（USB－GPIB adaptor）		
远程控制能力	SCPI/LabvIew/IVI based on USB－TMC/VXI－11/GPIB/Socket/Telnet NI－MAX		
	Web Browser（HTML 5 Supported）File Explorer（FTP）		
	Easy Spectrum software（V1.0.6.0 and higher）		
一般特征			
型号	SVA1015X	SVA1032X	SVA1075X
质量	4.40kg	4.4kg	4.70kg
尺寸	393mm×207mm×116.5mm		
显示	TFT LCD，1024×600，10.1 英寸多点触摸屏		
存储	内部存储（Flash）空间 256 MByte，外部存储（U 盘）空间 32GByte		
电源	100～240V，50/60Hz		
功耗	35W	35W	70W
主机和附件			
主机 SVA1015X	9kHz～1.5GHz		￥21180
主机 SVA1032X	9kHz～3.2GHz		￥36680
主机 SVA1075X	9kHz～7.5GHz		￥78880

续表

主机 SSA1015X	9kHz～1.5GHz，无 VNA；	￥9980
主机 SSA1015X－C	9kHz～1.5GHz，无 TG，无触摸屏	￥6980
标配附件	快速指南、电源线、USB 线	

选件附件

	高级测量套件	SVA1000X－AMK
通用测量选件	通用工具套件：N（M）－SMA（M）线缆（6GHz），N（M）－N（M）线缆（6GHz），N（M）－BNC（F）适配器×2，N（M）－SMA（F）适配器×2，10dB 1W 衰减器	UKITSSA3X
	N（M）－SMA（M）线缆，100cm，18GHz	N－SMA－18L
	N（M）－N（M）线缆，100cm，18GHz	N－N－18L
	N（M）－SMA（M）线缆，70cm，6GHz	N－SMA－6L
	N（M）－N（M）线缆，70cm，6GHz	N－N－6L
	N（M）－BNC（M）线缆，70cm，2GHz	N－BNC－2L
	USB－GPIB 适配器	USB－GPIB
	便携软包	BAG－S2
	机柜安装套件	SSA－RMK
矢量网络分析选件	电缆和天线测量	SVA1000X－DTF
	N 头经济型机械校准件，DC～4.5GHz，50Ω	F503ME
	N 头经济型机械校准件，DC～4.5GHz，50Ω	F503FE
	3.5mm 头经济型机械校准件，DC～4.5GHz，50Ω	F603ME
	3.5mm 头经济型机械校准件，DC～4.5GHz，50Ω	F603FE
	N 头精密型机械校准件，DC～9GHz，50Ω	F504MS
	N 头精密型机械校准件，DC～9GHz，50Ω	F504FS
	3.5mm 头精密型机械校准件，DC～9GHz，50Ω	F604MS

4. 手持式频谱分析仪（R&S FSH）

（1）多功能频谱分析仪。FSH4 和 FSH8 是手持式频谱分析仪，集频谱分析、天馈线分析、全功能矢量网络分析、矢量电压表、功率计主机、宽带通信解调等多种测试功能于一身。可用于：

1）发射站的安装与维护；

2）分析发射信号（LTE、NB‐IoT、TD‐SCDMA、WCDMA、CDMA、GSM等）；

3）信道功率和杂散测量；

4）电缆和天线测量；

5）标量或矢量网络分析；

6）干扰分析；

7）场强测量；

8）实验室或维修中的EMI诊断。

FSH手持式频谱分析仪提供多种频率型号，且具备内置跟踪源、VSWR电桥和偏置器，一台就可以进行多种现场测量，具有以下用途：

1）通用频谱分析；

2）定向天线的场强测量；

3）电磁兼容性（EMC）问题的定位、存档和远程控制（FSH4 View软件可用于对测量结果进行存档、通过LAN或USB进行远程控制）；

4）LET、TD‐SCDMA、WCDMA、CDMA、GSM…基站发射机的安装与维护；

5）广电发射台的安装与维护；

6）无线设备外场测试；

7）无线电干扰查找与定位；

8）电磁兼容故障点定位。

R&S® FSH手持式频谱分析仪体型虽小，但具备灵敏度和三阶截止点特性，具有良好的动态范围，可处理低功率和高功率信号。

1）使用前置放大器时的DANL（分辨率带宽为1Hz，归一化）；

2）8～13.6GHz：–162dBm典型值；

3）TOI（IP3），300MHz～3.6GHz：+15dBm典型值；

4）通过键盘和旋钮实现快速功能选择；

5）在不同的位置角度均可容易地读取测量结果；

6）通过信道表来设置频率；

7）接头便于连接，并且有良好的保护措施。

（2）主要参数。手持式频谱分析仪主要参数见表4‐5。

表 4-5   **手持式频谱分析仪主要参数**

主要参数	
频率范围	9kHz～3.6/8/13.6/20GHz 100kHz～3.6/8GHz
分辨率带宽	1Hz～3MHz
调节带宽	20MHz
相位噪声	95dBc/Hz；-105dBc/Hz（typ.）
测量不确定性	＜1dB（typ.）
显示的平均噪声电平 （DANL）	FSH4 & FSH8：-157dBm；-161dBm（typ.） FSH13 & FSH20：-155dBm；-159dBm（typ.）
三阶交调截取点 （TOI）	FSH4only：＞+10dBm；+15dBm（typ.） FSH8/FSH13/FSH20：＞+3dBm；+10dBm（typ.）

一般特性
显示屏：6.5″彩色 VGALCD
电池操作时间
HA-Z204，4.2Ah，可达 3h
HA-Z206，6.3Ah，可达 4.5h
尺寸外观（$W×H×D$）194mm×300mm×69mm（144mm）
质量 3kg
标配包含
lIthium-ion battery pack， LAN and USB cables， AC power supply， CD-ROM with and documentation， quick start guide， three-year warranty（one year for battery and accessories）

选配件	
描述	型号
放大器	FPH-B22
干扰分析	FPH-K15
6.75Ah 锂电池	HA-Z206

续表

描述	型号
软包	HA－Z220
硬盒	HA－Z221
近场探头	HZ－15
824～960MHz 天线	HA－Z900
1710～1990MHz 天线	HA－Z1900
GSM、EDGE 测量应用	FSH－K10
适用于导频通道与 EVM 测量的 3GPP WCDMA 基站收发信台/NodeB 应用	FSH－K44
适用于码域功率测量的 3GPP WCDMA 基站收发信台/NodeB 应用（需要 R&S®FSH－K44）	FSH－K44E
适用于导频通道与 EVM 测量的 1×EV－DO 基站收发信台应用	FSH－K47
更多适用于蜂窝系统、通用测试、雷达、干扰分析、CAT/VNA 测量软件…	更多型号…

网络分析仪是一种能在宽频带内进行扫描测量以确定网络参量的综合性微波测量仪器，全称是微波网络分析仪。它可直接测量有源或无源、可逆或不可逆的双口和单口网络的复数散射参数，并以扫频方式给出各散射参数的幅度、相位、频率特性。自动网络分析仪能对测量结果逐点进行误差修正，并换算出阻抗，由此再换算出介质损耗角正切值。

5. 矢量网络分析仪 SNA5000A 系列

（1）低噪声、高动态范围。矢量网络分析仪 SNA5000A 系统动态范围是一个非常重要的指标。SNA5000A 拥有不大于 125dB 的动态范围，可适用于对动态范围要求较高的测试场景，如同时测量滤波器的通带和带外抑制性能。

（2）先进的外观设计，拥有多样化显示。不管是在研发还是在现代化的生产线，区别于传统笨重的矢量网络分析仪，SNA5000A 的外观设计都能为工程师或者产线节省大量的桌面空间。特别是用户界面，配合上 12.1 英寸超大触摸屏与外接的鼠标和键盘，让工程师能更快地添加或删除窗口、通道和迹线。矢量网络分析仪 SNA5000A 支持在多个窗口下，添加多条迹线进行 S 参数测量，并且测量结果可以多种数据格式显示，如 Log Mag、Lin Mag、Phase、Delay、Smith、SWR、Polar 等，可以方便快捷地分析被测物的传输系数、反射系数、驻波比、阻抗匹配、相位、延时等参数。

（3）时域分析功能及眼图功能。在微波射频领域，如何有效消除有害的测试夹具效应是一大挑战。例如在对 SMD 器件进行测试时需要特定的测试夹具实现测试仪器测试端与器件输入端的转接，导致测试结果中包含了测试夹具的特性。目前矢量网络分析仪 SNA5000A 系列提供的去除测试夹具影响的方法主要有端口延伸、端口匹配、端口阻抗转换、去嵌入、适配器移除等。另外，矢量网络分析仪 SNA5000A 系列还支持时域反射计（TDR）测量功能，可在时域对传输线的特征阻抗、时延等参数进行分析。

（4）矢量网络分析仪 SNA5000A 系列主要参数见表 4-6。

表 4-6　　　　　　　　矢量网络分析仪 SNA5000A 系列主要参数

型号	输出频率范围	端口数	频率分辨率	幅度分辨率	中频带宽范围	输出功率设置范围	动态范围
SNA5032A	100kHz～26.5GHz	2	1Hz	0.05dB	10Hz～3MHz	−55dBm～+10dBm	125dB
SNA5022A	100kHz～13.5GHz	2	1Hz	0.05dB	10Hz−3MHz	−55dBm～+10dBm	125dB

结　束　语

电力电缆介质损耗测量技术经过多年的发展，在现场检测与实验室检测方面均取得了长足的进步。未来的发展可能将主要集中在以下几个方向：

（1）国产化测量仪器的进一步发展。当前电力电缆介质损耗测量使用的仪器主要以进口设备为主，特别是超低频和宽频介质损耗测量技术。国产测量仪器已经在工频介质损耗测量方面取得很好的进展，并被用户可接受。对于超低频和宽频介质损耗测量，与国外的差距主要体现在高精度、小型化的电压波形发生器方面。随着电力电子器件的国产化和技术人员的消化吸收，该方面的差距有望缩小。

（2）仪器校验方法。当前几乎所有的介质损耗测量仪器都没有完善的校验方法和用具，主要是高精度、高稳定性的组件材料缺乏，这部分的工作需要进一步的研究，并且依赖于新型材料和更高精度测量技术的出现。

（3）仪器检测电压和容量。受限于电压发生方法和电力电子器件的耐受电压，超低频介质损耗测量方法的输出电压普遍在 100kV 以下，而宽频带介质损耗测量的输出电压最高一般不高于 20kV，更为普遍应用的则是 5V。此外，这些仪器的容量都不大，对于长距离电缆无法直接测量，宽频带介质损耗更是只能对电缆切片试样进行检测。随着电力电子器件电压和容量的增加，上述问题有可能在较短的时间有大幅度的改善。